Neue Annalen der Sternwarte zu München, Band V Heft 3.

Bestimmung der Deklinationen

der auf Parallaxe untersuchten Sterne der AG Zone XI (Berlin A)

von

Ernst Grossmann und Hans Kienle

bearbeitet von

Ernst Grossmann.

Vorwort.

Nachdem ich in den Jahren 1908—14 an dem Meridiankreis der Münchner Sternwarte die Parallaxen und damit auch die AR von 765 Sternen der Zone AGC XI (Berlin A) bestimmt hatte[1]), lag mir daran, auch deren Deklinationen zu beobachten. Die Arbeit ist in der Zeit von 1916 Febr. bis 1917 März von Herrn Kienle (an den Mikroskopen) und mir (am Okular) an 85 Beobachtungstagen ausgeführt.

An den Instrumentaluntersuchungen und den Reduktionsarbeiten sind wir beide in gleicher Weise beteiligt gewesen; nur die Teilungsfehler habe ich bereits im Jahre 1908 bestimmt.

Die Diskussion der Beobachtungen ist von mir sofort ausgeführt und das Manuskript lag bereits Ende 1917 fertig vor; zum Druck konnte es aus bekannten Gründen erst jetzt gelangen.

München 1926.

Ernst Grossmann.

---

[1]) Neue Annalen der Münchner Sternwarte, Bd. V Heft 1.

§ 1. Beobachtungsplan und Instrument.

Wegen außerordentlich ungünstigen Wetters mit durchweg sehr schwachen Bildern konnte die Arbeit leider nicht so durchgeführt werden, wie es beabsichtigt war. Jede der 36 Gruppen des Programms der Parallaxenarbeit sollte in jeder Kreislage je 2 mal beobachtet werden; bei zwei Gruppen gelangen jedoch nur drei Beobachtungen. Ebenso konnte der cyclische Anschluß der Gruppen aneinander zur Untersuchung der Nadirpunkte und zur Ableitung von etwaigen Tageskorrektionen leider nicht erreicht werden.

Vor, nach und, soweit es die Zeit erlaubte, auch während jeder Beobachtungsreihe wurden Nadirbestimmungen ausgeführt und die meteorologischen Instrumente abgelesen. Um die Beziehung zum NFK herzustellen, wurden, so weit wie angängig, Fundamentalsterne eingeschaltet. Die Polhöhe mußte früheren Bestimmungen entnommen werden.

Jeder Stern wurde während seines Durchgangs 3 mal eingestellt, durch Bissektion auf einen Horizontalfaden. Vor dem Objektiv befanden sich wiederum vertikale Lamellen, so daß bei den hellen Sternen horizontale Lichtlinien entstanden. (cf. A. N. Bd. 189 pag. 161.)

Der Kreis wurde an zwei Mikroskopen abgelesen; bei vier wäre nur eine Okulareinstellung möglich gewesen. So aber erreichten wir drei Einstellungen mit sechs Mikroskopablesungen. Wird dann noch bei jeder Einstellung ein anderer Teilstrich gewählt, so erreicht man damit weiter eine Verminderung des Einflusses der zufälligen Teilungsfehler.

Wegen näherer Angaben über Instrument und Beobachtungsraum verweise ich auf die bisherigen Arbeiten an dem Meridiankreise in den Neuen Annalen der Münchner Sternwarte. Es sei hier nur kurz erwähnt: Brennweite 1.95 m, Objektivdurchmesser 160 mm, Durchmesser des von 2' zu 2' geteilten Kreises 65 cm. Die angewandte Okularvergrößerung war 270, die der Mikroskope 25. Die Beleuchtung ist die zentrale, die durch eine Starkstromlampe besorgt wird.

§ 2. Der Kreis.

Die Teilungsfehler sind im Jahre 1891 von den Herren Bauschinger, Zelzer und Oertel[1]) nach dem Besselschen Einschaltungsverfahren von 5° zu 5° bestimmt worden. Da die Ausführung einer solchen Arbeit durch mehrere Beobachter immerhin zu Bedenken Anlaß geben muß, da ferner die Darstellung der Resultate durch eine periodische Funktion nicht befriedigte und da schließlich die Vergleichung der abgeleiteten Strichkorrektionen mit den Sternbeobachtungen in beiden Kreislagen zu einem negativen Ergebnis führte, insofern die Übereinstimmung der Beobachtungen beider Kreislagen eine schlechtere wurde nach Anbringung der Strichkorrektionen, so entschloß ich mich, als ich im Jahre 1908 den Meridiankreis übernahm, zunächst die Untersuchung der Teilung zu wiederholen.

Bevor man an die Bestimmung der periodischen Teilungsfehler geht, ist es geboten, sich ein Urteil über die Größe der zufälligen Teilungsfehler zu verschaffen. Das kann in der folgenden einfachen Weise geschehen:

---

[1]) Neue Annalen der Münchner Sternwarte, Bd. III pag. 47.

Mißt man die Länge mehrerer aufeinander folgender 2 Minuten Intervalle, so hat man

$$A_2 - A_1 = s_1 - s_2 + R$$

wo A die Ablesungen bei den beiden Strichen 2 und 1 bedeuten, s ihre Strichkorrektionen und R den Run. Durch Summation von n solchen Intervallen ergibt sich, wenn $m = 1, 2, 3 \ldots (n-1)$

$$\Sigma (A_{m+1} - A_m) = s_1 - s_n + nR \quad \text{oder}$$

$$R = \frac{\Sigma (A_{m+1} - A_m)}{n} + \frac{s_n - s_1}{n}$$

Wird n hinreichend groß gewählt, so kann man das zweite Glied vernachlässigen. Damit erhält man R und ebenfalls die einzelnen Intervallkorrektionen und mit $s_1 = 0$ auch die zufälligen Teilungskorrektionen. In dieser Weise habe ich an mehreren Stellen des Kreises die Arbeit ausgeführt. Eine besonders charakteristische gebe ich hier wieder, nämlich die Ausmessung von 20 Intervallen von 359° 40′ bis 0° 20′ und von 179° 40′ bis 180° 20′, und zwar in 8 maliger Wiederholung.

		359°40′ — 0°20′	179°40′ — 180°20′
40′ —	42	+ 0″25	+ 0″07
42	44	+ 19	+ 5
44	46	+ 15	+ 29
46	48	— 10	+ 10
48	50	— 19	+ 9
50	52	— 4	— 11
52	54	— 16	— 10
54	56	+ 4	+ 2
56	58	+ 14	+ 4
58	0	+ 29	+ 14
0	2	— 1.27	— 23
2	4	+ 5	— 30
4	6	+ 6	+ 5
6	8	— 11	— 5
8	10	+ 39	— 17
10	12	+ 7	+ 4
12	14	+ 29	+ 5
14	16	— 15	+ 29
16	18	+ 19	— 12
18	20	— 7	— 16

Die Intervallkorrektionen und somit auch die zufälligen Strichkorrektionen sind durchweg klein. Eine Ausnahme bildet das Intervall 0° 0′ — 0° 2′. Dieses ist das letzte Arbeitsintervall bei der Teilung des Kreises, denn nach Mitteilung von Dr. Repsold wurde diese Arbeit stets rechtläufig vorgenommen; unser Kreis aber ist rückläufig beziffert. Wie dieser große Anschlußfehler entstanden ist, ob durch allmähliche Aufsummierung oder ob er einem einzelnen Intervall eigen ist, ist bei der Untersuchung der periodischen Strichkorrektionen zu erörtern.

Besondere Beachtung erfordern noch die bei der Teilung durch die Arbeitspausen verursachten Unterbrechungsstellen. Die Repsoldschen Kreise sind bekanntlich durch Handarbeit von der Mutterteilung übertragen. Auf meine Bitte hat Dr. Repsold mir das nachfolgende Arbeitsprotokoll zugeschickt. Die Unterbrechungsstellen habe ich ausgemessen und zugleich vorsichtshalber auch die beiden je vorangehenden und die beiden je nachfolgenden Intervalle. Die Fehler der letzteren sind von gleicher Größenordnung wie die an anderen Stellen des Kreises; ich gebe sie deshalb hier nicht wieder, sondern nur die Korrektionen der Unterbrechungsintervalle unter d in der letzten Kolumne:

1891	von	bis	Temp.	Anfangs-strich	d
Mai 8	$9^{1}/_{2}{}^{h}$	1^{h}	+ 15.7	0° 0'	+ 0"14
	$2^{1}/_{2}$	5	15.7	29 2	+ 0 12
9	$9^{1}/_{2}$	1	14.9	50 2	+ 7
	$2^{1}/_{2}$	5	15.8	81 2	+ 49
11	$9^{1}/_{2}$	1	16.7	101 2	+ 7
	$2^{1}/_{2}$	5	18.1	131 2	+ 28
12	$9^{1}/_{2}$	$10^{1}/_{4}$	17.0	153 2	+ 10
	$2^{1}/_{2}$	$5^{1}/_{2}$	17.9	158 2	— 5
13	$9^{1}/_{2}$	1	17.4	184 2	— 5
	$2^{1}/_{2}$	5	18.0	215 2	— 8
14	$9^{1}/_{2}$	1	17.7	236 2	— 25
	$2^{1}/_{2}$	5	18.0	266 2	0
15	$9^{1}/_{2}$	1	16.6	287 2	+ 2
	$2^{1}/_{2}$	5	16.9	318 2	0
16	$10^{1}/_{2}$	$12^{3}/_{4}$	14.9	338 2	+ 12

Ein systematischer Einfluß der Arbeitsunterbrechung ist nicht vorhanden; nur in einem Falle ist der Fehler beträchtlich, nämlich bei dem Intervall 81° 0' — 81° 2'. Merkwürdiger Weise sind auch hier die Nachbarintervalle stark fehlerhaft, nämlich

80° 56' — 80° 58'	— 0"15
80 58 — 81 0	— 0.51
81 0 — 81 2	+ 0.49
81 2 — 81 4	— 0.48
81 4 — 81 6	+ 0.28

Eine erkennbare Beschädigung des Limbus an dieser Stelle ist nicht vorhanden; es muß wohl ein Zufall obwalten.

Bilden wir aus den oben erwähnten zahlreichen Intervallmessungen den mittleren Intervallfehler, was nach der Verteilung der Vorzeichen wohl erlaubt erscheint, so ergibt sich dieser unter Ausschluß des erwähnten großen Anschlußfehlers (0° 0' — 0° 2') zu ± 0"17. Selbstverständlich kann man hieraus nicht durch Division mit $\sqrt{2}$ den mittleren zufälligen Strichfehler folgern, höchstens einen Minimalwert. Bedenken wir aber, daß der m. F. einer Einstellung eines Striches bei unseren Messungen ± 0"18 beträgt, der eines Intervalls also ± 0"25, daß ferner noch in dem obigen Werte ± 0"17 der Einstellfehler des teilenden Mechanikers enthalten ist, so folgt, daß die zufälligen Teilungsfehler sich mit vielleicht wenigen Ausnahmen innerhalb der Grenzen der zufälligen Beobachtungsfehler halten und daß durch sie der periodische Verlauf keine Unstetigkeiten erfährt.

Ich wende mich damit zu den periodischen Teilungskorrektionen.

Als Untersuchungsmethode kann heute wohl nur noch die von H. Bruns (A N 130) in Betracht kommen, besonders wenn nur ein geteilter Kreis vorhanden. Gegen die Besselsche Einschaltungsmethode gewährt sie den großen Vorteil, wie Bruns mit Recht hervorhebt, daß die Strichkorrektionen aller einbezogenen Striche unabhängig von einander sich ergeben, alle mit gleichem Gewichte, und zwar mit dem größten, welches überhaupt mit der durch die Anordnung vorgeschriebenen Zahl von Beobachtungen erreichbar ist; die Rechenarbeit kommt selbst bei großer Strichzahl als Arbeitsleistung kaum in Betracht.

Da diese Methode merkwürdigerweise bislang im vollen Umfange bei Meridiankreisen selten zur Anwendung gelangt ist, gebe ich sie hier in kurzen Zügen wieder, um damit erneut auf sie aufmerksam zu machen.

Die zu untersuchenden Striche der Teilung werden bezeichnet mit 0, 1, 2 ... $N — 1$. Eine Gruppe von p symmetrisch längs des Umfangs verteilten Strichen bildet eine Rosette $R(p, x)$, wo x die Nummer eines der p Striche bedeutet. A und B sind die beiden Mikroskope; B folgt auf A. Aus bekannten

Gründen nimmt man stets Durchmesserablesungen, so daß unter A bereits das Mittel dieser beiden zu verstehen ist, desgl. unter B.

A und B werden nacheinander so gestellt, daß zur Ausmessung der Rosette R (p, x) der Bogen AB angenähert gleich $l \cdot \frac{N}{p}$ ist, wo $l = 1.\ 2.\ 3.\ldots p - 1$ zu setzen ist. Der Reihe nach wird jeder zu untersuchende Strich von R (p, x) unter A gebracht und A und B abgelesen. Diese Ablesungen sollen bezeichnet werden mit (A, x) und $\left(B, x + l\frac{N}{p}\right)$, und die Strichkorrektionen der entsprechenden Striche mit (x) und $\left(x + l\frac{N}{p}\right)$. Dann ist

$$\left[(A, x) + (x)\right] - \left[\left(B, x + l\frac{N}{p}\right) + \left(x + l\frac{N}{p}\right)\right] = C$$

wo C von der Stellung der Mikroskope abhängt und für jedes $\frac{N}{p}$ konstant sein muß. Abgekürzt setzt Bruns

$$\left(B, x + l\frac{N}{p}\right) - (A, x) = D\ (p, x, l).$$

Damit sind die Bedingungsgleichungen gegeben; aus ihnen folgen die Normalgleichungen für jede Strichkorrektion:

$$2(p-1)(x) - \sum_l\left(x + l \cdot \frac{N}{p}\right) - \sum_l\left(x - l \cdot \frac{N}{p}\right) = \sum_l D\ (p, x, l) - \sum_l D\left(p, x - l\frac{N}{p}, l\right)$$

Wegen ihrer Ableitung muß ich auf den Aufsatz von Bruns verweisen. Die C fallen hier natürlich heraus. Die Gleichung läßt sich noch etwas vereinfachen, wenn wir mit a die Werte $0, 1, 2 \ldots p-1$ bezeichnen und $2(x)$ unter das Summenzeichen bringen; dann folgt

$$2p(x) - 2\sum_a\left(x + a\frac{N}{p}\right) = \sum_a\left[D\ (p, x, a) - D\left(p, x - a\frac{N}{p}, a\right)\right] = E(p, x)$$

Die Summe auf der linken Seite ist jetzt gleich der Summe aller Strichkorrektionen der gewählten Rosette R (p, x), dis zunächst unbekannt ist.

Da es nicht möglich ist, die Untersuchung aller Striche, soweit sie zu einer ausreichenden Darstellung des Verlaufes der periodischen Strichkorrektionen erforderlich sind, in einem Guß, d. h. mit einer Rosette auszuführen, so muß man zur Ausmessung mehrerer solcher greifen. Zunächst wiederholt man die obige Rosette R (p, x) nach geeigneter Verschiebung des Anfangsstriches. Ist z. B. $p = 9$ gesetzt, wie es sich als zweckmäßig erweist, und damit der Bogen $AB = 40°$, $80°$ etc, so erhält man die relativen Durchmesserkorrektionen der $20°$ Striche, wenn man die Messung mit dem Nullstrich der Teilung begonnen hat. Beginnt man sodann nacheinander mit $4°$, $8°$ etc., so folgen die relativen Korrektionen dieser Rosetten, aber alle noch unterschieden um die unbekannte Summe aller Strichkorrektionen derselben Rosette.

Um diese zu bestimmen, d. h. um die einzelnen Rosetten in Beziehung zu einander zu bringen, ist eine Änderung von p erforderlich. Mit der neuen Rosette R (q, x) führen wir die gleiche Untersuchung durch. Zweckmäßig ist es, $q = 5$ zu setzen, also den Bogen AB nacheinander $= 72°$, $144°$ etc. zu machen. Daraus folgt die Normalgleichung

$$2q(x) - 2\sum_\varkappa\left(x + \varkappa\frac{N}{q}\right) = E(q, x)$$

Die Verbindung beider Normalgleichungen ergibt dann

$$2(p+q)(x) - 2\sum_a\left(x + a\frac{N}{p}\right) - 2\sum_\varkappa\left(x + \varkappa\frac{N}{q}\right) = E(p, x) + E(q, x) = F(x)$$

Ist n das kleinste gemeinsame Vielfache von p und q und steht ϱ zu n in derselben Beziehung wie a zu p, so können wir schreiben

$$2(p+q)\left\{(x) - \frac{1}{n}\sum_{\varrho}\left(x + \varrho\frac{N}{n}\right)\right\} = F(x) + \frac{1}{q}\sum_{a}F\left(x + a\frac{N}{p}\right) + \frac{1}{p}\sum_{\varkappa}F\left(x + \varkappa\frac{N}{q}\right)$$

Die Auflösung dieser Gleichung gestaltet sich sehr einfach. $\sum_{\varrho}\left(x + \varrho\frac{N}{n}\right)$ ist gleich der Summe der Strichkorrektionen aller in Betracht kommenden Striche, über die wir frei verfügen können und die wir zweckmäßig zunächst = Null setzen. Die Summen rechts, die nur gemessene Werte enthalten, fallen zum Teil heraus, was man sofort erkennt, wenn man die Symbole F wieder auf ihre ursprüngliche Bedeutung zurückführt. Es verbleibt dann als endgültige Normalgleichung

$$(p+q)(x) = \Sigma\left\{\left(B, x + a\frac{N}{p}\right) - (A, x)\right\}$$
$$+ \Sigma\left\{\left(B, x + \varkappa\frac{N}{q}\right) - (A, x)\right\}$$
$$+ \frac{1}{p}\Sigma\left\{\left(B, x + \varkappa\frac{N}{q} + a\frac{N}{p}\right) - \left(A, x + \varkappa\frac{N}{q}\right)\right\}$$
$$+ \frac{1}{q}\Sigma\left\{\left(B, x + a\frac{N}{p} + \varkappa\frac{N}{q}\right) - \left(A, x + a\frac{N}{p}\right)\right\}$$

In den beiden letzten Gliedern rechts ist noch Folgendes zu beachten: Jedes Mal, wenn x um $\varkappa\frac{N}{q}$ und $a\frac{N}{p}$, oder in dem Falle, wo wir Durchmesserkorrektionen bestimmen, wenn x um $\frac{1}{2}\varkappa\frac{N}{q}$ und $\frac{1}{2}a\frac{N}{p}$ zunimmt, haben die Summen wieder den gleichen Wert; also bei $q = 5$ und $p = 9$ bei Zunahme um 36° resp. 20.°

Des Weiteren untersucht Bruns die zweckmäßigste Auswahl der Rosetten in Bezug auf Arbeitsaufwand und Genauigkeit der Resultate; er findet, daß, wenn man sich bei der Darstellung der Strichkorrektionen auf wenige Glieder der trigonometrischen Funktion beschränken will, am besten $p = 9$ und $q = 5$ zu setzen sind. Damit beträgt die Minimalzahl der Einstellungen 1080. Es ist $n = 45$ und die Durchmesserkorrektionen ergeben sich für die Vielfachen der 4° Striche. Diese können für die Untersuchung auf periodische Teilungsfehler als vollkommen ausreichend erachtet werden. Einer weiteren Ausdehnung würde auch die Konstruktion der Mikroskope und ihrer Träger Schwierigkeiten bereiten.

Aus diesen Gründen habe ich mich entschlossen, die Rosetten $R(5, x)$ und $R(9, x)$ zu wählen. Demgemäß mußten den Mikroskopen die Intervalle 72°, 144°; 40°, 80°, 120° und 160° gegeben werden. Mein Ziel ging selbstverständlich nur dahin, Durchmesserkorrektionen zu erlangen. Jede Messungsreihe wurde aber über die ganze Peripherie ausgedehnt und sofort in umgekehrter Richtung wiederholt. Dadurch erhöhte sich die Anzahl der Ablesungen um das 4fache, auf 4320.

Um Schraubenfehler und Run möglichst unschädlich zu machen, wurde der Kreis mittels eines von der Feinbewegung nach Mikroskop A improvisierten Schnurlaufes stets so gestellt, daß unter A die Ablesung nur wenig von 0" abwich. Der Run wurde natürlich möglichst klein gehalten.

Große Aufmerksamkeit wurde den Stellungen der Beleuchtungsspiegel zugewandt; denn durch eine fehlerhafte Anordnung derselben können sehr leicht systematische Fehler entstehen. Hierin liegt ein großer Nachteil der zentralen Beleuchtung.

Die Arbeit begann am 5. August 1908 und wurde beendigt am 10. Dezember 1908. Zur Prüfung, ob sich in dieser Zeit die Auffassung des Beobachters geändert haben könnte, wurde zum Schluß die zuerst gemessene Reihe wiederholt. Es ergab sich vollkommene Übereinstimmung.

Die folgende Tabelle I gibt in der ersten Vertikalreihe die Einstellungen unter Mikroskop B, in der ersten Horizontalreihe die Entfernungen $B - A$ (B folgt auf A) und darunter folgen die zugehörigen Winkelkorrektionen in dem Sinne

$$\left(B, x + \frac{N}{p, q}\right) - (A, x).$$

Ich gebe diese Zahlen so ausführlich wieder, denn zu einer künftigen Nachprüfung sei es auf tatsächliche Änderungen, sei es auf persönliche Auffassungsfehler, ist hiernach nur die Ausmessung einer Reihe erforderlich.

Tabelle I.

	40°	80°	120°	160°	72°	144°
0°	+ 0.98	+ 1.28	+ 1.39	+ 1.31	+ 1.74	+ 1.02
4	+ 98	+ 1.05	+ 0.83	+ 0.63	+ 0.96	+ 0.80
8	+ 19	+ 1.03	+ 63	+ 16	+ 44	+ 71
12	+ 13	+ 0.38	+ 77	+ 27	+ 75	+ 1.01
16	— 36	+ 64	+ 90	+ 19	— 09	+ 0.78
20	— 83	— 33	+ 17	— 25	— 03	+ 62
24	— 51	— 20	+ 87	+ 29	— 26	+ 26
28	— 77	+ 02	+ 54	+ 64	+ 14	+ 31
32	— 77	+ 03	+ 77	+ 59	+ 22	+ 29
36	— 96	— 07	+ 45	+ 80	+ 39	+ 49
40	— 1.11	+ 10	+ 04	+ 18	— 12	+ 62
44	— 0.89	— 19	+ 08	— 18	— 81	— 04
48	— 99	— 71	+ 20	— 10	— 1.08	+ 18
52	— 92	— 96	— 24	— 07	— 1.03	— 08
56	— 1.04	— 1.48	— 54	— 05	— 1.08	— 29
60	+ 0.05	— 0.83	— 17	+ 28	— 1.12	— 01
64	— 16	— 44	— 15	+ 75	— 0.95	+ 05
68	— 40	— 1.05	— 09	+ 24	— 97	+ 05
72	— 64	— 1.28	— 59	+ 10	— 1.70	+ 38
76	— 71	— 1.53	— 49	— 21	— 1.50	— 42
80	— 35	— 1.53	— 30	— 28	— 0.80	— 21
84	— 38	— 1.38	— 57	— 53	— 1.19	— 48
88	+ 18	— 0.90	— 67	+ 11	— 0.71	— 70
92	— 01	— 63	— 84	— 30	— 35	— 42
96	+ 49	— 60	— 1.02	— 12	— 22	— 38
100	— 03	+ 17	— 0.75	— 07	— 49	— 20
104	— 23	— 40	— 68	— 73	— 29	— 24
108	— 35	— 38	— 1.44	— 60	— 56	— 66
112	+ 22	— 37	— 1.30	— 32	— 09	— 37
116	+ 43	— 23	— 1.12	— 25	+ 14	— 58
120	+ 44	— 02	— 1.23	— 06	+ 40	— 86
124	+ 1.05	+ 42	— 0.52	+ 43	+ 91	— 24
128	+ 0.57	+ 48	— 51	— 18	+ 68	— 44
132	+ 64	+ 66	— 23	— 08	+ 58	— 45
136	+ 28	+ 82	— 29	— 64	+ 05	— 1.05
140	+ 16	+ 07	+ 26	— 55	+ 17	— 0.76
144	+ 21	+ 10	— 28	— 55	+ 12	— 1.30
148	+ 78	+ 43	+ 03	— 72	+ 76	— 0.65
152	+ 60	+ 78	+ 24	— 72	+ 1.03	+ 06
156	+ 99	+ 1.21	+ 57	— 14	+ 1.16	+ 15
160	+ 62	+ 1.22	+ 54	— 54	+ 0.95	+ 18
164	— 04	+ 1.10	+ 43	— 30	+ 85	+ 54
168	+ 83	+ 1.24	+ 1.37	+ 29	+ 1.08	+ 71
172	+ 73	+ 1.36	+ 1.47	+ 57	+ 1.23	+ 81
176	+ 83	+ 1.17	+ 1.58	+ 44	+ 0.89	+ 62

Hieraus ergeben sich sofort die $F(x)$, die z. B. für den Strich o sind

40 — o =	— 1″.11		72 — o =	— 1″.70
80 — o	— 1.53		144 — o	— 1.30
120 — o	— 1.23		36 — o	— 1.02
160 — o	— 0.54		108 — o	— 1.74
20 — o	— 1.31		Σ	= — 5.76
60 — o	— 1.39			
100 — o	— 1.28		$F(x)$	= — 15″.15.
140 — o	— 0.98			
Σ	= — 9.39			

Für das 3te und 4te Glied der Formel ist

$$\tfrac{1}{9}(-9''39 + 4''11 + 1''17 - 0''40 + 4.89) = +0''04$$
$$\tfrac{1}{5}(-5.76 + 0.21 + 2.00 + 0.73 - 2.40 - 0.40 + 1.97 + 1.97 + 0.57) = -0''22$$

Also

$$(p+q)\,(o) = -15''33; \qquad (o) = -1''095.$$

In gleicher Weise sind die Strich- oder vielmehr die Durchmesserkorrektionen gebildet; sie sind in der folgenden Tabelle, in der zweiten Columne von 4° zu 4° gegeben.

Tabelle II.

Teilstrich	B	R	B-R	
0°	— 1″.095	— 0″.812	—	0″.283
4	— 0.742	— 0.738	—	4
8	— 0.376	— 0.600	+	224
12	— 0.419	— 0.356	—	63
16	— 0.286	— 0.109	—	177
20	+ 0.259	+ 0.042	+	217
24	— 0.038	+ 0.060	—	98
28	— 0.100	— 0.008	—	92
32	— 0.165	— 0.071	—	94
36	— 0.040	— 0.040		0
40	+ 0.050	+ 0.107	—	53
44	+ 0.283	+ 0.313	—	30
48	+ 0.532	+ 0.485	+	47
52	+ 0.494	+ 0.541	—	47
56	+ 0.779	+ 0.489	+	280
60	+ 0.261	+ 0.374	—	113
64	+ 0.080	+ 0.298	—	218
68	+ 0.246	+ 0.321	—	75
72	+ 0.389	+ 0.429	—	40
76	+ 0.639	+ 0.562	+	77
80	+ 0.479	+ 0.636	—	157
84	+ 0.728	+ 0.607	+	121
88	+ 0.466	+ 0.503	—	37
92	+ 0.468	+ 0.393	+	75
96	+ 0.311	+ 0.345	—	34
100	+ 0.204	+ 0.370	—	166
104	+ 0.290	+ 0.416	—	126
108	+ 0.629	+ 0.403	+	226
112	+ 0.183	+ 0.281	—	98
116	+ 0.231	+ 0.079	+	152

120	+ 0.126	— 0.128	+ 0.254
124	— 0.286	— 0.263	— 23
128	+ 0.061	— 0.241	+ 302
132	— 0.216	— 0.113	— 103
136	+ 0.017	+ 0.039	— 22
140	+ 0.054	+ 0.101	— 47
144	+ 0.159	+ 0.018	+ 141
148	— 0.141	— 0.185	+ 44
152	— 0.397	— 0.420	+ 23
156	— 0.630	— 0.598	— 32
160	— 0.541	— 0.674	+ 133
164	— 0.354	— 0.674	+ 320
168	— 0.786	— 0.664	— 122
172	— 0.975	— 0.698	— 277
176	— 0.797	— 0.761	— 36

Nach dem Verlaufe und der Größe der Korrektionen unterliegt es keinem Zweifel, daß wir es hier mit periodischen Teilungsfehlern zu tun haben. Eine einfache Sinuskurve ist deutlich ausgesprochen; in der graphischen Darstellung erkennt man aber auch noch eine zweite Periode von 30°. Jedoch ergibt die Darstellung nach dem 2 und 12fachen Winkel noch kein befriedigendes Resultat; es wird bedeutend besser, wenn man auch noch die Zwischenglieder mitnimmt. Die Ausgleichung ergibt dann:

$$
\begin{aligned}
(x) = \; & -0.''515 \cos 2\,\alpha && + 0.''222 \sin 2\,\alpha \\
& -0.103 \cos 4\,\alpha && + 0.021 \sin 4\,\alpha \\
& -0.111 \cos 6\,\alpha && + 0.043 \sin 6\,\alpha \\
& +0.001 \cos 8\,\alpha && + 0.094 \sin 8\,\alpha \\
& -0.081 \cos 12\,\alpha && - 0.145 \sin 12\,\alpha.
\end{aligned}
$$

Die Werte der Formel befinden sich in der 3. Columne der obigen Tabelle und in der vierten die Differenzen. Für die Ablesung von 4 Mikroskopen ergibt die Formel die Werte in der folgenden Tabelle, Columne 2 unter G. Die Gradangaben beziehen sich jetzt auf den Index. Die weiteren Columnen finden später ihre Erklärung.

Tabelle III.

Index	G.	B_1	$G-B_1$	B_2	$G-B_2$	$\varDelta_1$
0°	0.''000	— 0.''006	+ 0.''006	+ 0.''047	+ 0.''068	+ 0.''047
5	+ 133	+ 99	+ 34	+ 275	— 27	+ 119
10	+ 59	+ 156	— 97	+ 278	— 104	— 214
15	— 152	+ 86	— 238	+ 33	— 70	+ 155
20	— 323	— 43	— 280	— 219	+ 11	— 25
25	— 341	— 133	— 208	— 255	+ 29	+ 2
30	— 256	— 182	— 74	— 129	— 12	— 33
35	— 203	— 252	+ 49	— 76	— 12	+ 12
40	— 263	— 319	+ 56	— 197	+ 49	— 64
45	— 368	— 288	— 80	— 341	+ 88	+ 180
50	— 381	— 153	— 228	— 329	+ 63	— 166
55	— 243	— 34	— 209	— 156	+ 28	— 21
60	— 58	— 20	— 38	+ 33	+ 24	+ 205
65	+ 15	— 55	+ 70	+ 121	+ 9	— 197
70	— 95	— 45	— 50	+ 77	— 57	— 26
75	— 278	— 18	— 260	— 71	— 92	+ 172
80	— 353	— 10	— 343	— 186	— 52	— 52
85	— 225	— 39	— 186	— 161	+ 51	— 109

Die Übereinstimmung der beobachteten und der durch die obige Formel dargestellten Strichkorrektionen ist im allgemeinen befriedigend; die aus den Quadratsummen berechneten Durchschnittswerte der $B - R$ ergeben $\pm 0\overset{..}{,}144$. Für den Minimalwert des zufälligen Teilungsfehlers fanden wir $\pm 0\overset{..}{,}12$. Es bleiben also nach der Ausgleichung nur Fehler zufälligen Charakters übrig, die sich aber auch hier als sehr gering erweisen.

Vergleichen wir jetzt die hier gewonnen Resultate mit denen Bauschingers, so ist zu diesen zunächst zu bemerken, daß letzterer die Bedingungsgleichung nach den hier gewählten Bezeichnungen in der Form ansetzt:

$$\left(B, x + l\,\frac{N}{p} \right) - (A, x) = C + \left(x + l\,\frac{N}{p} \right) - (x)$$

Es sind also hier die (x) im Sinne von Fehlern und nicht von Korrektionen genommen. Sind hiernach die weiteren numerischen Rechnungen ausgeführt, so müssen zu dem Vergleiche die Vorzeichen umgekehrt werden. Damit ergeben sich die in Tabelle III unter B_1 angeführten Werte; es sind die der Bauschingerschen Ausgleichung, l. c. pag. 51 unter „Formel". Unter $G - B_1$ befinden sich die Differenzen gegen meine Ausgleichungswerte, die besonders in Bezug auf die Vorzeichenverteilung offenbar systematischen Charakter haben und zwar den gleichen, wie er sich in den $\varDelta = B - R$ Bauschingers zu erkennen gibt, nämlich eine Schwankung mit einer Periode von etwa 30°. Diese findet aber sofort ihre Deutung darin, daß Bauschinger in der periodischen Funktion den 12 fachen Winkel nicht mitgenommen hat, wohl aber den 16 fachen, den ich hier wegen der Kleinheit der Koeffizienten fortlasse. Nach Einführung des 12 fachen Winkels finde ich

$$
\begin{aligned}
\chi\,(a) = {} & + 0\overset{..}{,}069 - 0\overset{..}{,}141 \cos 4\,a + 0\overset{..}{,}019 \sin 4\,a \\
& + 0.035 \cos 8\,a - 0.091 \sin 8\,a \\
& - 0.053 \cos 12\,a - 0.172 \sin 12\,a
\end{aligned}
$$

Unter B_2 befinden sich die neuen Strichkorrektionen, unter $G - B_2$ die jetzigen Differenzen gegen mich, nach Abzug der Konstanten $- 0''115$, und unter $\varDelta_1$ die Darstellung der von Bauschinger beobachteten Werte. Diese Differenzen wie auch die $G - B_2$ sind jetzt bedeutend kleiner geworden und befriedigen auch nach der Vorzeichenverteilung vollkommen. Den durch die periodischen Teilungsfehler bedingten m. F. rechnet Bauschinger zu $\pm 0''237$ ohne Berücksichtigung derselben, zu $\pm 0''185$ nach Anwendung der beobachteten; unter Mitnahme des 12 fachen Winkels sinkt er auf $\pm 0''13$. Es dürfte hiernach wohl ein Gewinn bei Benützung interpolierter Strichkorrektionen zu erwarten sein; wir werden uns hiervon später überzeugen, zuvor mögen noch einige andere Punkte behandelt werden.

In meinen Wien-Ottakringer Beobachtungen habe ich die Strichkorrektionen von 6 Repsoldschen Kreisen mit einander verglichen, (l. c. pag. 47) und gefunden, daß sie alle nahezu gleichen Verlauf haben, daß sie also alle ein getreues Abbild der Mutterteilung wiedergeben. Auch die beiden neuen Kieler Kreise passen sich diesem Bilde an (Astr. Beob. zu Kiel, von Paul Harzer, II, pag. 89/90). An dieser Stelle hat Herr Harzer auf eine Berichtigung meiner Zusammenstellung aufmerksam gemacht, auf die ich hier verweise, desgleichen auf meine Bemerkung hierzu in meiner Refractionsarbeit (Abh. der k. Bayer. Ak. d. W., Math.-phys. Klasse, XXVIII. Band, 9. Abh. pag. 5).

Vergleichen wir hiermit auch den Münchener Kreis nach Berücksichtigung des Umstandes, daß bei ihm die Bezifferung rückläufig verläuft, so ergibt sich, wenn ich aus den früher behandelten Kreisen nur den Ottakringer herausgreife:

	Ottakring	München		Ottakring	München
0^n	$+ 0\overset{..}{,}45$	$- 1\overset{..}{,}10$	$90°$	$- 0\overset{..}{,}23$	$+ 0\overset{..}{,}47$
10	$+ 0.47$	$- 0.88$	100	$- 0.24$	$+ 0.48$
20	$+ 0.54$	$- 0.54$	110	$- 0.29$	$+ 0.32$
30	$+ 0.30$	$- 0.27$	120	$- 0.46$	$+ 0.26$
40	$+ 0.09$	$+ 0.05$	130	$- 0.63$	$+ 0.51$
50	$+ 0.46$	$- 0.08$	140	$- 0.30$	$+ 0.05$
60	$+ 0.34$	$+ 0.13$	150	$+ 0.02$	$- 0.13$
70	$+ 0.14$	$+ 0.40$	160	$+ 0.23$	$+ 0.26$
80	$- 0.05$	$+ 0.20$	170	$+ 0.36$	$- 0.40$

Das Resultat ist ein völlig negatives. Es scheint hiernach, als ob der Münchner Kreis nachträglich eine Deformation erfahren hat. Eine Verschiebung des Nullpunktes um ca. 90° würde bessere Übereinstimmung ergeben.

Da seit der obigen Untersuchung 10 Jahre verflossen sind, so habe ich, um zu prüfen, ob sich seitdem an dem Kreise etwas geändert hat, jetzt nochmals die Korrektionen der 30° Striche bestimmt und erhalten:

	1908	1917
0	0.″00	0.″00
30	+ 0.97	+ 0.94
60	+ 1.36	+ 1.43
90	+ 1.57	+ 1.53
120	+ 1.23	+ 1.12
150	+ 0.83	+ 0.78

Die Übereinstimmung kann nicht befriedigender sein.

Um das stark fehlerhafte Intervall 0°0′ — 0°2″ noch näher zu untersuchen, habe ich aus dem Material der Teilungsfehlerbestimmung die Winkel der 20° und 40° Rosetten ausgezogen, welche dieses Intervall einschließen, die ihm auf beiden Seiten benachbart sind, sowie die diametral liegenden; für die 20° Rosetten also die Winkel 352/332 bis 32/12 und 172/152—212/192, für die 40° Rosetten die Winkel 344/304—60/20 und 164/124—240/200. Der Orientierungsfehler der Mikroskope — früher mit C bezeichnet — läßt sich leicht bestimmen, ebenso die hier zu berücksichtigende Exentricität, die sich zu

$$\frac{e}{r} \sin (a - 0) = + 2.″5 \sin (a - 326.°6)$$

ergab. Daraus folgen sofort die Winkelkorrektionen nach dem Ansatze

$$(y) - (x) = C - [(B, y) - (A, x)].$$

Ich setze die Mittelwerte der Ergebnisse als Korrektionen der Kreisangaben für die betreffenden Winkel hier an:

1. Winkel, welche das fragliche Intervall einschließen,

aus den Mikroskopen	20° Ros.	40° Ros.	Mittel
A, B	+ 0.″91	+ 0.″82	+ 0.″86
A', B'	+ 1.37	+ 0.57	+ 0.97
			+ 0.92

2. Winkel, welche es nicht einschließen,

a) aus den benachbarten

	20° Ros.	40° Ros.	Mittel
A, B	— 0.″64	— 0.″42	— 0.53
A', B'	— 0.18	— 0.55	— 0.37
			— 0.45

b) aus den diametralen

	20° Ros.	40° Ros.	Mittel
aus A, B	— 0.″21	+ 0.″41	+ 0.″11
A', B'	+ 0.45	+ 0.35	+ 0.40
			+ 0.26

Es ist also die Kreisangabe für die Winkel, welche das Intervall 0°0′ — 0°2′ enthalten. um 1.″37 kleiner als die für die benachbarten Winkel und um 0.″66 als die für die diametral liegenden, ein Resultat, welches sich in guter Übereinstimmung mit dem früheren befindet. Es ist hiernach anzunehmen, daß der Anschlußfehler durch allmähliche Aufsummierung entstanden ist.

Es fällt hier noch auf der offenbar systematische Unterschied der Winkelkorrektionen zwischen den Mikroskopen A/B und A'/B', der wahrscheinlich auf fehlerhafte Beleuchtung bei dem einen oder dem anderen Mikroskop zurückzuführen ist.

Die immerhin mühsame Teilungsfehleruntersuchung gewinnt naturgemäß erst dann Bedeutung, wenn durch sie die Beobachtungen auch eine wirkliche Verbesserung erfahren. Der Nachweis hierfür kann erbracht werden durch die Vergleichung der Beobachtungen der beiden Kreislagen miteinander. Die nachfolgende Tabelle gibt die Differenzen der ZD der Gruppenmittel getrennt nach den Kreislagen in dem Sinne Kr. O. — Kr. W., und zwar unter Δ_I ohne Strichkorrektionen und unter Δ_{II} mit diesen. Die Polhöhenschwankungen sind hier berücksichtigt.

Gruppe	Δ_I	Δ_{II}	T	
1	+ 0.12	— 0.21	0.0	
2	+ 0.07	— 0.26	+ 2.9	In Kr. O. beide Nadir unsicher.
3	+ 0.24	— 0.09	4.1	
4	+ 0.67	+ 0.34	2.3	
5	+ 0.46	+ 0.13	1.3	Kr. O beide, Kr. W ein Nadir unsicher
6	— 0.07	— 0.40	0.6	Kr. O. nur eine Beob; Nadir unsicher.
7	+ 1.00	+ 0.59	9.2	Kr. W. beide Nadir unsicher.
8	+ 0.85	+ 0.46	10.4	Kr. W. beide Nadir unsicher.
9	+ 1.03	+ 0.66	7.7	
10	+ 0.81	+ 0.41	6.1	
11	+ 0.45	+ 0.02	9.3	
12	+ 0.70	+ 0.29	9.2	
13	+ 1.21	+ 0.74	9.5	
14	+ 0.34	— 0.01	12.2	
15	+ 0.26	— 0.08	14.0	
16	+ 0.37	+ 0.03	14.1	Kr. O. und Kr. W. je ein Nadir unsicher.
17	+ 0.61	+ 0.28	15.0	
18	+ 0.44	+ 0.11	14.9	
19	+ 0.31	— 0.03	18.3	Kr. O und Kr. W. je ein Nadir unsicher.
20/21	+ 0.34	— 0.01	17.4	
22	— 0.09	— 0.42	15.3	
23/24	— 0.36	— 0.69	13.3	Kr. O. und Kr. W. je ein Nadir unsicher.
25	+ 0.26	— 0.06	11.5	Kr. O. beide Nadir unsicher.
26	+ 0.26	— 0.06	6.2	
27	+ 0.38	+ 0.06	4.3	Kr. O. beide, Kr. W. ein Nadir unsicher.
4a	+ 0.46	+ 0.05	5.0	
5a	+ 0.65	+ 0.22	0.5	Kr. O. beide Nadir unsicher.
6a	+ 0.81	+ 0.43	0.0	Kr. O. beide Nadir unsicher.
17a	+ 0.27	— 0.11	16.3	Kr. O. beide Nadir unsicher.
18a	+ 0.58	+ 0.15	15.7	
19a	+ 0.11	— 0.32	18.0	
20a	+ 0.34	— 0.06	19.1	
22a	— 0.01	— 0.38	15.1	
23a	+ 0.19	— 0.22	15.1	

Das Resultat ist sehr befriedigend, die Übereinstimmung der beiden Kreislagen wird wesentlich besser. Die Summe der Differenzenquadrate sinkt von 9.73 auf 3.53. In der Vorzeichenverteilung kann man geneigt sein, eine Gesetzmäßigkeit zu erblicken; auffallend ist die Übereinstimmung der Vorzeichen bei den Haupt- und den Zusatzgruppen. Ich habe in der Tabelle die mittlere Temperatur für jede Gruppe angesetzt; ein Blick genügt jedoch, um zu erkennen, daß zwischen dieser und der Vorzeichenverteilung kein Zusammenhang besteht. Das gleiche gilt für die Temperaturdifferenz: Äußere — innere Temperatur. Zu beachten ist noch, daß die Größen Δ die vollen Unsicherheiten der Nadirpunkte enthalten und daß deshalb einige von ihnen sehr unsicher sind; sie sind in den Bemerkungen der obigen Tabelle gekennzeichnet. Tageskorrektionen abzuleiten, war hier wegen des unzureichenden Materials nicht möglich.

Die mehrfach in beiden Kreislagen beobachteten Fundamentalsterne geben in Gruppen nach den Deklinationen zusammengefaßt die folgende Tabelle. Die Differenzen zwischen den beiden Kreislagen werden hier völlig zum Verschwinden gebracht.

δ	π	Δ_I	Δ_{II}
42° bis 37°	5	+ 0.″08	— 0.″10
„ 30	5	+ 0.42	— 0.11
„ 23	7	+ 0.33	+ 0.01
„ 19	9	+ 0.18	— 0.09
„ 18	8	+ 0.48	+ 0.12
„ 16	7	+ 0.51	+ 0.07
„ 14	6	+ 0.81	+ 0.27

Das Gesamtergebnis fasse ich dahin zusammen, daß im allgemeinen durch die ausgeglichenen Strichkorrektionen eine beträchtliche Verbesserung der Beobachtungen erzielt wird; in speziellen Fällen vermögen allerdings die zufälligen Teilungsfehler einen ungünstigen Einfluß auszuüben.

Nachtrag: Wie bereits oben erwähnt, haben bei der Teilungsfehlerbestimmung Bauschingers die Resultate falsches Vorzeichen erhalten. Herr Oertel hat diese Korrektur vorgenommen (Neue Annalen der Münchner Sternwarte, Bd. IV pag. [66]); er findet, daß auch nach dieser eine bessere Übereinstimmung der beiden Kreislagen nicht erreicht wird, eher eine Verschlechterung. Deshalb sieht er auch bei seinem ersten Kataloge (1894—98) von einer Berücksichtigung der Teilungskorrektionen ab.

In einer jüngst erschienenen Arbeit (A. N. Bd. 225 pag. 401) kommt Herr Oertel hierauf zurück. Er zeigt, daß durch Verwendung der von mir bestimmten Teilungskorrektionen die Kreislagendifferenzen sowohl bei den beiden genannten Katalogen, wie auch bei seinem zweiten Katalog 1901—07 zum Teil sogar erheblich vergrößert werden, außer in der Zenitzone 60°—40°. Um den Einfluß von etwaigen Refraktionsanomalien zu erkennen, ordnet er die Differenzen Kr. O — W nach der AR und findet für sie einen ausgesprochenen Gang mit dem Maximum in den Sommer-, dem Minimum in den Wintermonaten. Refraktion und Kreislage an sich haben nichts mit einander zu tun; die Erscheinung wird jedoch sofort verständlich, wenn man beachtet, daß bei allen 3 Katalogen nur einmal — inmitten derselben — umgelegt ist und daß somit statt O — W zu setzen ist I. Periode — II. Periode. Daraus folgt das bemerkenswerte Resultat, daß in München eine mit der Jahreszeit veränderliche Refraktionsstörung mit von Jahr zu Jahr wechselnder Amplitude vorhanden ist. Das findet sich auch bestätigt durch die Anordnung der in allen Jahren 1901—07 beobachteten Fundamentalsterne nach den einzelnen Beobachtungsjahren (Tab. 7).

Des weiteren ordnet Herr Oertel die Kreislagendifferenzen nach der Deklination (Tab. 8) und gleicht sie graphisch aus. In den zu beiden Seiten vom Zenit bis zu etwa $z = \pm 12°$ symmetrisch verlaufenden Kurvenzügen zeigt sich deutlich der Einfluß der Teilungsfehler, die hier allerdings erheblich größer ausfallen, als die von mir bestimmten. Hierzu muß ich jedoch zu beachten geben, daß selbst in der Zenitstellung des Kreises, in der der Einfluß der Teilungsfehler verschwinden muß, eine Differenz O — W = + 0.″35 besteht (Tab. 8).

Wie diese zu erklären ist, ob sie instrumenteller oder physiologischer Natur ist, ob sie für alle ZD gilt und wie sie auf die beiden Kreislagen resp. Beobachtungsperioden zu verteilen ist, bleiben offene Fragen. Herr Oertel findet, daß die ausgeglichenen Differenzen der Kreislagenmittel erheblich größer ausfallen als die nach meinen Bestimmungen angesetzten. Dieser Widerspruch dürfte nach Berücksichtigung der konstanten Differenz voraussichtlich verschwinden, außer bei $\delta = + 39°$ und $+ 57°$, wo die Kurve stark ansteigt. Hier ist offenbar ein starker zufälliger Teilungsfehler im Spiele, wie auch meine Tabelle II (pag. 10) bei dem Teilstrich 56°, der hier in Betracht kommt, erkennen läßt.

In größeren ZD wird wahrscheinlich der Einfluß der Teilungskorrektionen durch die veränderlichen Refraktionsstörungen völlig verschleiert. In der vorliegenden Arbeit, bei der häufiger umgelegt wurde, ist das Resultat günstiger, wie wir gesehen haben, und die Zweifel des Herrn Oertel an der Richtigkeit meiner Bestimmung ergeben sich hiernach als unbegründet. Deshalb hätten auch vor seiner Mittelung der beiden Kreislagenwerte die Teilungskorrektionen erst angebracht werden müssen.

§ 3. Die Biegung.

Die erste Bestimmung dieses Fehlers ist von Herrn Bauschinger in den Jahren 1892—93 mit Hilfe von Kollimator (im Norden) und Mire (im Süden) ausgeführt. Aus 9 Messungsreihen ergab sich der Wert $b = -0\overset{''}{.}02 \pm 0\overset{''}{.}05$. Unter der Voraussetzung, daß die höheren ungeraden Sinusglieder nicht in Betracht kommen, konnte also das Instrument als biegungsfrei angesehen werden. Zu einem ungünstigeren Resultat gelangte Herr Oertel im Jahre 1904; aus 7 Bestimmungen fand er $b = +0\overset{''}{.}49 \pm 0\overset{''}{.}036$. Statt der Mire benutzte er einen inzwischen aufgestellten Südkollimator. Wie weit dieser Wert als verbürgt anzusehen ist und damit das Anwachsen der Biegung in der Zwischenzeit, ist schwer zu entscheiden. Das Objektiv des Südkollimators war jedenfalls stark fehlerhaft und lieferte äußerst unscharfe Bilder, so daß es im Jahre 1910 von Herrn Steinheil umgearbeitet werden mußte. Trotzdem haben wir unsere Versuche, die Biegung in gleicher Weise zu bestimmen, nach den ersten Messungen wieder aufgegeben, denn es zeigten sich bereits während des Richtens der Kollimatoren aufeinander derartige starke Änderungen in ihrer Neigung, wahrscheinlich infolge des Einflusses der Körperwärme des Beobachters und der Beleuchtung, daß wir ein verbürgtes Resultat nicht glaubten erwarten zu können.

Wir schlugen deshalb das folgende Verfahren ein, das zuerst von Hansen vorgeschlagen ist: Wir bestimmten mit möglichster Genauigkeit in beiden Lagen des Objektivs die ZD Differenzen einer Gruppe von Zenitsternen und einer solchen von 30° ZD, denn uns konnte angesichts der vorliegenden Arbeit zunächst nur daran liegen, für diese ZD die Biegung kennen zu lernen. Trotzdem haben wir nachher die Untersuchung auch für die ZD 60° vorgenommen. Die Vertauschung von Objektiv und Okular kann bei den Repoldschen Meridiankreisen sehr leicht und sicher in wenigen Minuten ausgeführt werden und die geringe Änderung z. B. des Kollimationsfehlers überzeugte uns, mit welcher geradezu erstaunlichen Exaktheit das Instrument gearbeitet ist.

In jeder Objektiv- und Kreislage wurde jede Gruppe je zweimal beobachtet, insgesamt also 8 mal. Vor und nach jeder Beobachtungsreihe wurde eine Nadirbestimmung gemacht, besonders zu dem Zwecke der Kontrolle des Instruments. Sie sind folgende:

1918		Kreis	Obj.-Lage	Nadir	1918		Kreis	Obj.-Lage	Nadir
Jan.	24	West	I	56$\overset{''}{.}$83	März	10	West	I	54$\overset{.}{.}$73
				57.09					54.62
	25			57.04		11			54.55
				56.89					54.50
	26		II	17.85		12		II	2.30
				17.72					2.40
	27			17.76		15			1.92
				17.36					2.57
Febr.	10	Ost	II	16.20		16	Ost	II	17.85
				16.14					17.60
	11			16.06		17			17.40
				16.31					17.23
	17		I	10.15		18		I	9.11
				9.75					8.99
	19			10.02		20			8.65
				10.02					8.50

Nur März 15 wurde eine mit der Zeit proportionale Änderung des Nadirs angenommen; sie zeigte sich auch deutlich in den Sternbeobachtungen.

Die Sterne wurden den AGC Bonn, Berlin A (erste Serie, $z = 30°$) und Cambridge (zweite Serie, $z = 60°$) entnommen. Die nachfolgende Zusammenstellung enthält neben No. des Sternes nach AGC, seiner Größe und der genäherten AR die beobachtete Deklination, von der später zu sprechen ist, sodann die ZD für jede Kreis- und Objektivlage, wobei nördliche ZD mit einem vorgesetzten — bezeichnet sind, und die Differenzen Objektiv I—II im Mittel aus beiden Kreislagen.

Serie I.

Z D.

AGC	Gr.	AR	Dekl. 1918.0	Obj.-Lage (Kreis West) I	II	Kreis Ost I	II	I - II
Bonn 4284	1	$5^h\ 10^m\ 37^s$	45° 54' 57.40	2° 13' 48.28	48.11	47.75	479.2	0.00
4321	8.2	12 46	47 9 32.51	0 59 12.92	12.71	13.15	13.06	+ 15
4354	8.6	14 53	48 38 56.76	— 0 30 11.33	10.84	11.28	11.55	— 11
4391	7.9	17 9	50 8 29.79	— 1 59 44.35	44.34	44.42	44.33	— 5
4428	8.4	19 40	47 20 48.92	0 47 56.90	56.60	56.34	56.42	+ 11
Berlin A 1522	7.1	22 23	17 53 34.13	30 15 10.76	10.75	11.10	11.49	— 19
1540	7.3	24 31	18 18 0.60	29 50 44.45	44.45	44.58	44.81	— 12
1557	7.0	26 52	18 11 2.40	29 57 42.55	42.68	43.06	42.75	+ 9
1577	7.5	29 18	15 31 43.98	32 37 0.69	0.68	1.43	1.49	— 3
1604	5.9	32 19	16 59 26.96	31 9 17.87	17.91	18.43	18.35	+ 2
1624	7.8	35 18	19 38 10.14	28 30 35.29	35.06	35.18	35.18	+ 12
1657	7.1	37 39	18 56 54.68	29 11 50.43	50.20	50.96	50.48	+ 35
1681	7.3	40 10	16 3 5.67	32 5 38.75	38.79	40.06	40.02	0
1698	6.0	42 39	17 41 58.65	30 26 46.15	46.38	46.69	46.78	— 16
1708	7.9	44 36	18 35 35.54	29 33 9.22	9.38	10.02	9.98	— 9
1732	7.4	47 1	19 30 2.24	28 38 42.98	42.62	43.11	43.27	+ 10
1758	6.5	50 6	19 44 ·5.41	28 24 39.52	39.19	40.29	40.30	+ 16
1781	7.8	52 7	15 4 11.27	33 4 33.47	32.96	34.22	34.38	+ 18
1805	7.4	54 6	18 48 49.42	29 19 55.72	55.37	55.90	56.11	+ 7
1841	7.6	56 20	19 25 5.96	28 43 38.92	38.71	39.91	39.53	+ 30
1869	5.7	58 36	19 41 35.35	28 27 9.75	9.66	9.99	10.10	— 1
Bonn 5020	7.7	6 3 20	49 4 35.95	— 0 55 50.77	50.54	50.37	50.19	— 21
5065	8.6	5 59	49 57 55.25	— 1 49 9.84	10.11	9.69	9.62	+ 10
5098	8.2	8 53	48 51 29.37	— 0 42 43.84	44.02	43.92	43.74	0
5131	6.6	11 29	46 27 9.58	1 41 35.74	36.24	35.80	35.69	— 20
5173	8.4	14 52	49 23 22.19	— 1 14 36.69	36.65	36.61	36.90	+ 13
5212	5.1	18 35	49 19 52.65	— 1 11 7.39	6.97	7.17	7.17	— 21

Im Mittel aller Sterne ist für die

Zenitsterne $\quad \frac{1}{2}(I—II) = — 0.013$

Südsterne $\qquad\qquad\quad + 0.025$

Daraus folgt die Biegung für $z = 30°$ relativ zur Zenitstellung

$$b = +0.038.$$

Der m. F. einer ZD ergibt sich aus dem ganzen Material für $z = 0°$ zu ± 0.203 und für $z = 30°$ zu ± 0.208; daraus folgt der m. F. der Biegung zu ± 0.028. Das Instrument kann somit in dieser ZD als biegungsfrei angesehen werden, hier vorausgesetzt, daß die geraden Sinus- und Cosinusglieder nicht in Betracht kommen.

Serie II.

AGC	Gr.	AR	Dekl. 1918.0	Z D. Kreis West Obj.-Lage I	II	Kreis Ost I	II	I - II
Bonn 6869	2.9	8ʰ 53ᵐ 36ˢ	+ 48° 21′ 52."99	— 0° 13′ 7."21	7."54	7.68	7.62	+ 0."14
6884	8.9	56 10	47 38 25.29	0 30 20.33	20.22	19.96	19.79	+ 14
6900	3.3	58 2	47 28 54.71	0 39 50.89	50.71	50.54	50.85	— 6
6919	7.9	59 45	48 51 26.33	— 0 42 40.85	40.90	41.23	41.47	+ · 15
6944	7.3	9 2 32	47 45 12.44	0 23 33.20	33.06	32.73	33.12	— 12
6965	8.2	4 22	47 20 34.76	0 48 10.76	10.61	10.88	10.60	+ 22
Cambr. 3530	7.6	8 5	11 29 39.57	59 38 24.23	24.23	24.96	24.66	+ 15
U. S. 3548	6.7	10 10	14 21 17.26	62 30 2.32	2.13	2.14	2.29	+ 2
3559	6.8	12 33	13 29 29.76	61 38 15.11	14.68	15.52	15.50	+ 23
3579	5.3	15 49	11 37 40.61	59 46 25.36	25.05	25.76	26.13	— 3
3593	7.7	17 57	13 11 15.02	61 20 59.73	60.00	0.03	0.19	— 22
3605	7.7	20 56	10 34 51.18	58 43 35.55	35.35	36.79	36.94	+ 2
3625	7.7	23 8	12 33 10.17	60 41 55.25	54.40	55.94	55.00	+ 90
3633	7.9	25 22	13 22 39.78	61 31 24.13	24.54	25.21	25.00	— 10
3641	7.2	27 31	11 41 58.04	59 50 42.89	42.29	43.34	43.54	+ 20
3658	6.8	29 0	13 9 11.49	61 17 56.37	56.15	56.72	56.63	+ 16
3671	7.2	30 52	11 45 34.94	59 54 19.81	20.11	19.88	19.88	— 15
3681	7.8	32 31	10 54 22.56	59 3 6.97	·6.98	8.10	8.10	0
3704	5.0	36 22	13 57 34.48	62 6 19.24	18.70	19.76	20.19	+ 6
3719	7.9	38 37	13 36 14.09	61 44 58.63	59.16	59.28	59.27	— 26
3732	8.3	40 45	11 17 14.56	59 25 59.48	58.84	59.72	0.18	+ 9
3743	7.5	43 9	10 21 48.86	58 30 33.41	32.97	34.28	34.75	— 2
Bonn 7324	7.9	45 46	+ 45 55 55.29	2 12 50.20	50.16	50.01	50.24	— 10
7352	8.1	49 11	48 44 26.91	— 0 35 41.35	41.69	41.39	41.10	+ 3
7370	8.4	· 51 39	47 52 12.38	0 16 33.52	33.11	32.74	33.25	— 5
7389	8.3	54 26	48 20 7.25	— 0 11 21.67	21.85	21.63	21.65	+ 10
7414	7.5	57 26	46 45 26.69	1 23 19.12	18.76	18.30	19.03	— 19

Aus dieser Serie folgt im Mittel

für die Zenitsterne $\quad \frac{1}{2}$ (I—II) = + 0."012

„ Südsterne $\qquad$ = + 0.033

und mit Ausschaltung des auffallenderweise in beiden Kreislagen stark herausfallenden Sterns 3625

$$\frac{1}{2} \text{ (I—II) = + 0.005.}$$

Somit ergibt sich die Biegung für $z = 60°$

$$b = + 0."021 \qquad \text{oder} \quad — 0."008$$

Der m. F. einer ZD von 60° ist ± 0."275, also der der Biegung = ± 0."033. Auch in dieser ZD ist somit das Instrument biegungsfrei. Die Resultate können als durchaus verbürgt angesehen werden. Eine Ausdehnung der Untersuchung auf größere ZD ist leider nicht möglich, denn bereits in $z = 60°$ waren die Bilder manchmal so unruhig, daß ein sicheres Einstellen kaum möglich war.

Die Beobachtungen geben noch zu einigen weiteren Bemerkungen Anlaß.

Die Differenzen der beiden Kreislagen ohne und mit Strichkorrektionen sind folgende:

	Kr. O. — W. ohne mit Strichkorr.			Kr. O. — W. ohne mit Strichkorr.	
Berlin A			**Cambr.**		
1522	+ 0.″54	+ 0.18	3530	+ 0.″58	— 0.″43
1540	+ 25	— 10	3548	— 1	— 1.01
1557	+ 29	— 7	3559	+ 61	— 39
1577	+ 77	+ 32	3579	+ 74	— 24
1604	+ 50	+ 8	3593	+ 24	— 75
1624	0	— 15	3605	+ 142	+ 46
1657	+ 40	+ 7	3625	+ 64	— 34
1681	+ 127	+ 84	3633	+ 78	— 12
1698	+ 47	+ 10	3641	+ 85	— 11
1708	+ 70	+ 36	3658	+ 42	— 55
1732	+ 39	+ 6	3671	— 8	— 103
1758	+ 94	+ 62	3681	+ 112	+ 17
1781	+ 108	+ 58	3704	+ 101	+ 6
1805	+ 46	+ 12	3719	+ 38	— 56
1841	+ 90	+ 57	3732	+ 79	— 14
1869	+ 34	+ 1	3743	+ 133	+ 41

Die Mittel reduzieren sich in der I. Serie von + 0.″59 auf + 0.″22 und in der II. Serie von + 0.″65 auf — 0.″28. Daraus folgt wiederum die Realität der abgeleiteten Strichkorrektionen. Die Reste enthalten zunächst natürlich noch die Unsicherheit der Nadirpunkte, was besonders bei der II. Serie aus den von den Teilungsfehlern befreiten Differenzen der Kreislagen der Zenitsterne deutlich zu erkennen ist, denn diese sind im Mittel

$$\text{Kr. O} - \text{Kr. W} = -0.″11$$

Berücksichtigt man diese, so verbleibt bei den Südsternen nur noch — 0.″17. Ein weiterer Anteil fällt vielleicht auf die Refraktion. Diese ist mit der inneren Temperatur berechnet; nimmt man statt dieser die tiefere äußere, so werden die ZD größer um

$$\varDelta z = (T_{\ddot{a}} - T_i) \cdot R_m \cdot 0.003663$$

wo R_m die mittlere Refraktion bedeutet, die bei der I. Serie rund 33″, bei der II. Serie 100″ beträgt. Nach den Beobachtungen ist im Mittel

I. Serie	Kr. W	$T_{\ddot{a}} - T_i =$	+ 2.°05	$\varDelta_z = 0.″21$
	Kr. O		+ 1.38	0.14
II. Serie	Kr. W		+ 1.79	0.66
	Kr. O		+ 2.05	0.75

Hiernach werden die Differenzen der Kreislagen schließlich

I,	Kr. O — Kr. W	+ 0.″15
II,	„ — „	— 0.08

Bei der II. Serie liegt die Differenz bereits innerhalb der Grenzen der Beobachtungsungenauigkeit. Nach Bauschinger (Neue Annalen der Münchner Stw., Bd. 3 pag. 205) liegt die Grenze für die Wahl der Temperatur bei etwa 60°; aber es liegt mir natürlich fern, aus dem obigen Resultat den Schluß zu ziehen, daß bei $z = 60°$ bereits die äußere Temperatur zu wählen sei.

Da die Beobachtungen absoluten Charakter haben, verlohnt es sich, die Deklinationen selbst abzuleiten. Als Polhöhe wurde gesetzt $\varphi = + 48° 8' 45.″57$; Polhöhenschwankungen konnten, weil unbekannt, nicht berücksichtigt werden; sie sind auch belanglos.[1]) Der Refraktionsrechnung wurden die Tafeln von de Ball zu Grunde gelegt. Damit ergeben sich die in der obigen Zusammenstellung enthaltenen Deklinationen, für das Aequinox 1918 0. Das Programm enthält 6 Fundamentalsterne, deren Vergleichung mit dem B. J. folgende Differenzen ergibt:

$$
\begin{array}{llll}
a \text{ Aurigae} & \text{(Bonn } 4284) & \text{M} - \text{BJ} = & - 0.01 \\
\psi' \quad " & (\quad " \quad 5212) & & + 0.32 \\
\iota \text{ Urs. maj.} & (\quad " \quad 6869) & & + 0.87 \\
\varkappa \quad " \quad " & (\quad " \quad 6900) & & + 0.58 \\
130 \text{ Tauri} & \text{(Berlin } 1698) & & + 0.50 \\
\varkappa \text{ Hydrae} & \text{(Cambr. } 3704) & & + 0.15
\end{array}
$$

Es bestätigt sich hier wiederum das bereits mehrfach von mir festgestellte Resultat, daß die Dekl. des NFK. zu südlich sind.

Die Vergleichung mit den AG Katalogen ergibt unter Anwendung der Praecessionskonstanten von Newcomb:

		M—Bonn		M—Berlin		M—Cambr.
Bonn	4284	+ 0.4	Berlin A 1522	— 1.1	Cambr. 3530	+ 1.9
	4321	— 0.2	1540	— 0.2	3548	+ 0.5
	4354	+ 1.1	1557	— 1.7	3559	+ 2.0
	4391	+ 1.6	1577	— 3.0	3579	+ 2.3
	4428	+ 0.4	1604	— 1.7	3593	+ 1.1
	5020	— 0.4	1624	+ 0.2	3605	+ 0.5
	5065	+ 0.4	1657	— 0.3	3625	+ 0.8
	5098	+ 1.2	1681	— 0.1	3633	+ 0.5
	5131	+ 0.6	1698	— 0.5	3641	+ 0.1
	5173	+ 0.9	1708	— 1.0	3658	+ 0.3
	5212	+ 0.3	1732	0.0	3671	— 2.6
	6869	+ 1.2	1758	— 0.8	3681	+ 1.3
	6884	— 1.3	1781	— 0.6	3704	0.0
	6900	+ 1.0	1805	— 0.7	3719	+ 2.2
	6919	— 0.1	1841	0.0	3732	+ 1.5
	6944	+ 0.2	1869	+ 0.3	3743	+ 1.1
	6965	— 0.9				
	7324	0.0				
	7352	+ 1.7				
	7370	+ 2.3				
	7389	0.0				
	7414	+ 0.4				

An die Deklinationen des AGC Berlin sind die Korrektionen angebracht, welche Auwers pag. 131 der Einleitung gibt und ebenfalls die Red. auf das System des FC. des BJ. von Auwers (Astron. Abh. als Ergänzungshefte zu den Astr. Nachr., No. 7 pag. 46). Es bestehen offenbar starke systematische Differenzen der Münchner Reihe gegen die AGC.; bei Bonn und Cambridge decken sie sich mit den vorhin für die Fundamentalsterne festgestellten, bei Berlin hingegen nicht, wohl aber mit denen der Parallaxensterne, wie sich später zeigen wird.

---

[1]) Nach A. N. 212 ist für 1918.15 $\Delta \varphi = + 0.03$.

§ 4. Der Nadirpunkt.

Dieser wurde stets vor, nach und bei hinreichender Zeit auch während der abendlichen Beobachtungsreihe bestimmt. Es wurde das reflektierte Bild nach einander auf beide Seiten des Fadens, insgesamt 4 mal, gebracht, so daß eine schmale Lichtlinie verblieb.

Wenn man aus diesen 4 Einstellungen den m. F. einer NP Bestimmung ableitet, so erkennt man sehr bald, daß die abendlichen Änderungen des NP sehr häufig diesen m. F. übersteigen; dieser kann daher keine Maßzahl für die Genauigkeit der Endresultate abgeben. Es unterliegt keinem Zweifel, daß die Pfeiler säkularen und periodischen Schwankungen unterworfen sind, die sich in Änderungen der Axenneigung, des Azimuts und des NP äußern müssen. Ich habe es deshalb schon mehrfach als wünschenswert bezeichnet, daß die Pfeiler der MKr. mit sëismometrischen Instrumenten versehen werden. Die Änderungen von Neigung und Azimut habe ich in meiner Parallaxenarbeit[1]) eingehend behandelt; der NP gab das folgende Verhalten zu erkennen, und zwar in der Kr. Ost Lage; in der Kr. West Lage mußten mehrfach Veränderungen an den Mikroskopen vorgenommen werden. Die folgende Tabelle gibt die Ablesungen der beiden Mikroskope gesondert, daneben Sternzeit und Temperatur. Mikroskop I befand sich links unten, II rechts oben vom Beobachter.

	Sternzeit	Temp.	Mikr. I	II	red. auf 0° und 1916.0 I	II
1916 Febr. 4	$2^h 25^m$	+ 3.5	28.98	19.78	29.86	20.20
	4 0	+ 1.9	28.95	19.45	67	19.61
5	2 25	+ 4.2	28.55	18.23	56	18.75
	4 55	+ 3.0	28.68	18.85	57	19.17
7	3 40	+ 3.0	28.65	17.35	54	17.67
11	3 40	+ 0.1	28.60	18.85	26	18.67
	5 40	− 1.0	28.75	19.75	30	19.72
13	3 35	+ 2.2	28.38	17.70	31	17.85
	4 45	+ 1.8	28.00	17.53	28.89	17.61
16	3 35	+ 10.0	27.28	15.65	29.05	17.13
	4 45	+ 10.9	27.33	14.85	19	16.44
20	3 35	+ 1.1	29.03	18.05	95	17.98
21	3 35	− 0.1	28.85	19.33	66	19.06
	6 15	− 1.6	29.08	20.43	74	19.91
26	5 30	+ 0.6	28.50	18.58	44	18.41
28	4 25	+ 4.6	27.90	17.53	30	18.01
	5 40	+ 3.9	28.38	16.98	71	17.34
März 3	7 40	+ 2.4	28.28	16.38	62	16.47
	9 45	+ 1.7	28.20	16.45	37	16.42
10	6 20	+ 1.6	27.83	17.18	64	17.11
13	6 25	+ 8.1	27.03	15.70	28.96	16.69
	7 15	+ 7.8	27.40	14.83	29.30	15.77
14	6 25	+ 9.2	26.73	15.75	28.83	16.92
	7 50	+ 9.2	27.15	15.55	29.25	16.72
	9 0	+ 8.0	27.25	16.00	23	16 97
	10 50	+ 7.5	27.58	15.50	54	16.39

[1]) Neue Annalen der Sternwarte zu München, Bd. V p. 42.

	Sternzeit	Temp.	Mikr. I	II	red. auf 0° und 1916,0 I	II
März 20	6ʰ 55ᵐ	+ 13°0	26.″38	14.″98	28.″98	16.″75
	8 50		26.78	14.33	29.30	15.96
	10 45	+ 12.2	26.80	14.53	30	16.23
April 4	9 50	+ 12.8	25.85	15.73	28.66	17.39
	10 50		25.95	15.83	29.03	17.45
	11 35	+ 12.3	26.00	16.00	28.76	17.58
5	10 55	+ 10.7	26.35	15.58	95	16.89
6	10 55	+ 6.8	26.63	15.73	90	16.37
7	10 50	+ 11.4	26.38	15.20	29.11	16.61
	12 20	+ 10.2	26.65	15.75	26	16.96
Mai 1	11 35	+ 12.9	25.12	15.00	28.35	16 56
	13 20	+ 11.9	25.03	15.68	16	17.07
12	12 20	+ 11.8	25.90	16.70	29.20	18.02
16	12 15	+ 12.2	24.78	16.50	28.18	17.86
	13 20		25.58	16.48	90	17.71
	14 30	+ 10.7	25.38	16.58	63	17.66
19	13 20	+ 14.0	25.68	15.68	29.32	17.33
	15 35	+ 12.7	25.58	16.13	09	17.46
25	14 20	+ 17.6	25.08	14.28	20	17.49
	16 30	+ 15.6	25.85	15.53	77	17.41
Juni 8	15 25	+ 14.3	25.23	15.83	25	17.42
	16 30		25.43	16.40	42	17.96
	17 15	+ 13.6	25.33	16.43	28	17.91
16	14 20	+ 10.8	25.93	17.58	29.72	18.55
	15 35	+ 9.4	25.90	17.98	55	18.72
30	15 25	+ 17.8	24.83	15.75	56	17.82
	16 30	+ 17.1	24.93	16.35	59	18.30
	18 0	+ 16.0	25.15	16.25	70	18.02
Juli 3	15 20	+ 21.2	23.98	15.00	10	17.61
9	15 20	+ 19.1	24.60	15.50	57	17.74
	17 30	+ 17.7	25.50	15.90	30.33	17.91
12	16 20	+ 15.5	25.78	16.13	45	17.76
	18 5	+ 14.0	25.65	17.12	17	18.50
22	17 15	+ 17.3	25.28	16.70	31	18.57
	19 10	+ 16.0	25.60	17.10	50	18.76
23	17 5	+ 18.3	24.70	16.18	29.83	18.22
	18 30	+ 17.7	25.33	16.78	30.40	18.72
26	17 20	+ 17.9	25.70	16.33	85	18.28
	18 35	+ 17.2	25.05	16.28	13	18.02
Aug. 29	17 50	+ 19.7	23.48	16.43	29.34	18.52
	18 35	+ 18.8	23.90	16.63	67	18.57
Sept. 1	18 10	+ 14.7	24.40	17.28	82	18.52
	20 10	+ 13.1	24.80	17.45	30.06	18.42
2	19 10	+ 15.4	25.03	17.48	52	18.84
	21 5	+ 14.2	24.93	17.50	30	18.66
3	19 0	+ 17.5	24.73	16.70	43	18.41
	21 0	+ 15.9	24.73	16.75	27	18.19

	Sternzeit	Temp.	Mikr. I	II	red. auf 0° und 1916.0	
Sept. 9	$19^h 10^m$	+ 16°2	24"45	16"63	30"13	18"09
	21 0	+ 14.9	24.33	16.78	29.88	18.03
Okt. 29	20 15	+ 9.2	22.83	16.03	64	16.17
	22 10	+ 7.2	23.55	17.18	16	16.89
Nov. 3	23 5	+ 9.8	23.00	16.28	93	16.40
	24 5	+ 8.7	23.93	16.60	75	16.56
4	22 5	+ 8.8	23.25	16.45	08	16.41
	23 10	+ 8.0	23.43	16.93	18	16.75
	0 15	+ 7.3	24.03	16.98	71	16.69
7	23 5	+ 7.2	22.95	16.38	28.68	16.07
	0 5	+ 6.6	24.20	17.33	29.87	16.90
16	23 55	— 0.7	25.53	20.53	30.78	18.83
17	23 55	— 3.6	25.45	20.63	27	18.45
	1 10	— 4.0	25.43	21.13	21	18.88
23	22 15	+ 2.7	23.00	17.15	28.57	15.98
	23 15	+ 2.5	22.68	17.20	23	16.00
	23 55	+ 1.8	23.23	17.63	71	16.31
	2 20	+ 0.6	23.28	18.48	64	16.96
24	0 55	+ 1.4	23.25	17.40	69	16.01
	2 20	+ 0.8	23.63	18.20	29.01	16.71
1917 Febr. 24	4 25	+ 0.8	22.40	10.60	25	—.—
	6 30	— 0.1	22.60	11.93	27	—.—
25	4 25	+ 2.4	22.63	10.90	64	—.—
	6 25	+ 1.9	21.48	10.90	28.44	—.—
26	4 45	+ 4.2	21.95	10.33	29.14	—.—
März 9	5 25	— 0.8	22.75	12.13	68	—.—

Nach der Temperatur geordnet und in Gruppen zusammengefaßt ergeben sich die Mittelwerte

Temp.	Anzahl	Mikr. I	Red. auf 0°	Mikr. II	Red. auf 0°
— 1°2	6	27"18	27"04	20"30	20"06
+ 2.2	21	26.95	27.21	17.85	18.29
+ 9.4	18	25.23	26.36	16.28	18.14
+ 12.6	23	25.64	27.15	16.12	18.64
+ 17.4	21	24.95	27.04	16.22	19.70

Hieraus folgen die Temperaturkoeffizienten für 1° C für Mikr. I — 0"12, für Mikr. II — 0"20. Die Darstellung (Red. auf 0°) ist für I wesentlich besser als für II.

Reduzieren wir jetzt alle Beobachtungen auf 0° und ordnen nach der Zeit, so erhalten wir die Mittelwerte

	I	Red. auf 1916.0	II	Red. auf 1916.0
1916.12	28"98	29"69	18"75	18"53
20	28.63	29.81	16.79	16.43
27	27.80	29.39	17.61	17.12
37	26.97	29.15	18.02	17.35
46	26.96	29.67	18.99	18.16
55	27.18	30.42	19.25	18.26
67	26.17	30.12	19.64	18.43
87	24.28	29.40	18.33	16.76
1917.15	22.67	29.44	—.—	—.—

Daraus ergeben·sich die Zeitglieder für Mikr. I — 5″89 und für Mikr. II + 1″80 mit der Darstellung unter Red. auf 1916.0, die für I wiederum wesentlich besser ist als für II.

Wenn wir beachten, daß, da der Kreis rückläufig beziffert ist, die Ablesungen wachsen bei einer Neigung des Pfeilers nach Norden und daß die Ablesung in Mikr. I kleiner, in II größer wird, wenn sich die Mikroskope, der Schwerkraft folgend, senken, so sagen die obigen Resultate, die zunächst nur auf Grund einer Überschlagsrechnung und nicht einer strengen Ausgleichung gewonnen sind, folgendes aus:

1. Bei steigender Temperatur findet eine Neigung des Pfeilers nach Süden statt, im Mittel um 0″16 für 1°. Ob die Differenz der Koeffizienten für die beiden Mikroskope reell ist, ob nicht noch auf sie in verschiedener Weise einwirkende thermische Einflüsse im Spiele sind, bedarf einer genaueren Untersuchung. Ich bemerke hier, daß sich die Neigung des Pfeilers in der Ost-Westrichtung (l. c. p. 47) zu + 0″52 für 1° ergab, also wesentlich stärker. Die Gesamtbewegung infolge der Temperaturwirkung beträgt also 0″54 in einem Azimut von + 73°.

2. Es findet eine mit der Zeit fortschreitende Änderung des NP statt; die Ablesungen bei Mikr. I nehmen jährlich um 5″9 ab, die bei II um 1″8 zu. Es liegt hier offenbar eine kombinierte Wirkung von Pfeilerbewegung und Schwerkraft vor. Nehmen wir an, daß die letztere auf beide Mikroskope gleich wirkt, so ergibt sich diese zu ∓ 3″85 und die Pfeilerneigung nach Süden zu 2″05. In der Parallaxenarbeit fand sich hierfür in der Ost-Westrichtung der Betrag 0‧16 = 2″4 und zwar nach Westen. Es findet also eine Gesamtneigung von 3″15 nach Südwesten — Azimut 40° — mit der Zeit statt.

Weiter ergibt die obige Tabelle, daß während der 1—2 stündigen Beobachtungstätigkeit durchweg eine Zunahme der Kreisablesung stattgefunden hat und zwar im Mittel für Mikr. I um + 0″18, für Mikr. II um + 0″28 bei einer Temperaturabnahme von rund — 1‧0. Dieses Resultat deckt sich mit dem vorhin festgestellten, wonach die Zunahme + 0″16 betrug. Nehmen wir an, daß die Temperatur sich proportional der Zeit ändert, und stellen demgemäß diese Gradienten in Rechnung, so verbleiben in unserer Reihe noch Reste, die keine Gesetzmäßigkeit mehr erkennen lassen; wir betrachten sie als zufällige Fehler der Nadirpunkte. Aus den jetzigen Differenzen: Anfangsnadir — Schlußnadir ergibt

sich der m. F. des angenommenen NP nach der Formel $\varepsilon = \pm \sqrt{\dfrac{[\varDelta \varDelta]}{n}}$ zu ± 0″245 für Mikr. I und

± 0″325 für Mikr. II. Ersteres hat sich also wesentlich konstanter gehalten als letzteres. Für die Kr. W. Lage findet sich im Mittel für beide Mikroskope, die sich hier nahezu gleichmäßig gehalten haben, ± 0″278, also der gleiche Betrag wie für Kr. O. Wir setzen hiernach den m. F. des Mittels aus Anfangs- und Schlußnadir zu ± 0″20.

Erfahrungsgemäß und so auch hier weisen die Beobachtungen eines Abends vielfach Differenzen gegen ihre Mittelwerte auf, die unzweifelhaft systematischer Natur sind, und die zunächst auf eine Unsicherheit der angewandten Nadirpunkte schließen lassen. Bei einem großen Beobachtungsmaterial lassen sich diese Differenzen mit großer Sicherheit bestimmen und man kann sie dann als Tageskorrektionen in Rechnung stellen, besonders wenn man die Sterne in bestimmte Gruppen ordnet und für einen zyklischen Anschluß der Gruppen an einander Sorge trägt. In dem vorliegenden Fall war dieses leider nicht möglich; außerdem liegen für jede Gruppe nur 4 Beobachtungen vor. Trotzdem habe ich diese Differenzen gebildet und folgendes Resultat erhalten.

1. An 50 von 78 Abenden können sie als zufällige Fehler betrachtet werden.

2. An einer Reihe von Abenden stimmen Anfangs- und Schlußnadir gut überein, die Tagesabweichungen sind jedoch auffallend groß, übereinstimmend für mehrere Gruppen. Ich führe hier einige Beispiele an.

			NP	Diffz.			NP	Diffz.
1916 Jan. 25	Kr. W.		48″96	— 0″30	1916 März 20 Kr. O.		20″67	+ 0″37
			49.00	— 0.47			20.58	+ 0.33
März 27	„		2.49	— 0.78			20.74	
			2.46	— 0.35	Sept. 9	„	20.54	+ 0.34
			2.62	— 0.39			20.55	+ 0.29
			2.38	— 0.48				
1917 Febr. 15	„		57.58	— 0.25				
			57.61	— 0.34				

Bemerkenswert ist das negative Vorzeichen bei Kr. W, das positive bei Kr. O, was darauf hindeutet, daß der NP stets zu klein angesetzt ist, daß wir es hier nicht etwa mit Schichtenneigung zu tun haben.

3. Anfangs- und Schlußnadir weichen stark von einander ab; nur bei Anwendung des einen oder anderen NP wird die Tagesabweichung gering. In diesem Falle ist offenbar bei dem einen NP eine unbekannte Störung vorgekommen.

Man erkennt hieraus, daß die Nadirpunktbestimmungen manchmal noch Störungen unterworfen sind, die sich erst nachträglich aus den Beobachtungen selbst erkennen lassen, daß daher der in der obigen Weise abgebildete m. F. noch kein ausreichendes Maß für die Sicherheit dieses Punktes gewährt.

Immerhin aber geht aus der Diskussion hervor, daß es keineswegs ausgeschlossen ist, unter günstigeren Verhältnissen bei sorgfältiger Überwachung des Nadirpunktes einen gesetzmäßigen Verlauf desselben zu erkennen und darzustellen. Das muß das Ziel des Beobachters sein, denn damit wird er in den Stand gesetzt, etwaige Störungen sofort zu erkennen und in Rechnung zu stellen und damit auch das Wesen der sogenannten Tageskorrektionen, die bislang nur als willkürliche Verbesserungen der Beobachtungen bezeichnet werden können; und das gleiche gilt für die Aequatorkorrektionen, wie sie aus den Beobachtungen von Sonne, Mond und Planeten gelegentlich abgeleitet werden.

§ 5. Die Refraktion.

Zur Bestimmung der meteorologischen Elemente wurden bei jeder Nadirbestimmung abgelesen: Das Stationsbarometer Fuess 164 mit Thermometer, das in einem ventilierten Blechgehäuse vor dem Nordfenster des kleinen Meridiansaales befindliche äußere Thermometer Dr. Bender und Dr. Hobein 648 und das am Meridiankreise in Axenhöhe befestigte innere Thermometer No. 3652 derselben Fabrik. Alle Instrumente waren selbstverständlich genau geprüft und hatten nur kleine Korrektionen. Die Thermometer sind aus Jenenser Glas.

Das feuchte Thermometer wurde nicht abgelesen, denn bei ZD von 30° ist der Einfluß des Dampfdrucks belanglos. Nach den Tafeln de Balls, die zur Refraktionsrechnung benutzt wurden, ist die Barometerablesung wegen des Dampfdrucks zu korrigieren um $+ \frac{2}{5}\left(6 \cdot \dfrac{b_0}{760} - \pi\right)$, wo b_0 die mittlere Barometerhöhe des Beobachtungsortes ist, in München $= 718$ mm. De Ball hat hier noch die physikalische Dichtigkeit der Luft eingeführt; aber es unterliegt wohl keinem Zweifel mehr, daß statt dieser die optische zu wählen ist, daß also statt des Faktors $\frac{2}{5}$ zu setzen ist $\frac{1}{4}$. Da der Dampfdruck π in München zwischen 3 und 12 mm schwankt und im Mittel $= 7.1$ mm ist, so wird im Maximum die Korrektion des Barometers 0.8 mm betragen und damit die der Refraktion für $z = 30^\circ$ rund $0.8 \dfrac{33''}{718} = 0.''037$. Abgesehen davon, daß dieser extreme Fall nur ausnahmsweise eintritt, ist die durch die Temperatur bedingte Unsicherheit sehr viel größer. Nach Bauschinger (Neue Annalen der Münch. Stw. III, pag. 205) ist bis zu ZD von etwa 60° (Grenze zwischen Dach und Seitenwand) die innere Temperatur zur Berechnung der Refraktion zu wählen; demgemäß ist auch in dieser Arbeit verfahren. Ob aber Bauschingers Resultat verbürgt ist, erscheint noch zweifelhaft. Die Differenz innere—äußere Temperatur ist durchweg außerordentlich groß; im Mittel beträgt sie $+ 1.8$, sie schwankt zwischen $+ 2.9$ und $- 0.4$. Außerdem ändert sich die Differenz in kurzer Zeit manchmal um 0.5. Ist also statt der inneren Temperatur eine andere, z. B. die äußere zu setzen, dann enthalten die mit der ersten gerechneten ZD von 30° noch Unsicherheiten, die bis zu mehreren Zehntel Sekunden unter Umständen ansteigen können.

Den Tafeln de Balls liegt die Refraktionskonstante $60.''15$ zu Grunde, die heute wohl als der Wahrheit sehr nahe kommend angesehen werden kann. Die Anwendung dieser Tafeln ist sehr bequem, besonders wenn wie hier die beobachteten ZD sich sämmtlich innerhalb enger Grenzen halten.

Von einer ausführlichen Mitteilung aller Ablesungen nehme ich Abstand.

§ 6. Die Genauigkeit der Beobachtungen.

Da für jeden Stern nur 4 Beobachtungen vorliegen, so wird die Ableitung des m. F. aus den Differenzen dieser gegen ihr Mittel keinen zuverlässigen, im allgemeinen einen zu kleinen Wert ergeben. Ich habe deshalb folgendes Verfahren eingeschlagen: Zur Prüfung der Realität der Strichkorrektionen sind die Beobachtungen der beiden Kreislagen mit und ohne diese mit einander verglichen. Die ersteren können hier benutzt werden, denn aus ihnen ergibt sich der m. F. einer ZD, da in jeder Kreislage 2 mal beobachtet ist, zu

$$\varepsilon = \sqrt{\frac{[\varDelta\varDelta]}{n}}$$

wo $\varDelta$ die Differenz und n die Anzahl der Sterne ist. Bei der genannten Vergleichung zeigten sich jedoch nach Anbringung der Strichkorrektionen bei einzelnen Gruppen zwischen den beiden Kreislagen noch systematische Differenzen. Da es sich zunächst darum handelt, ein Urteil über die zufälligen Fehler zu bekommen — von den systematischen wird nachher die Rede sein —, so benutze ich in erster Linie nur Gruppen ohne diese systematischen Differenzen, insgesamt 16, und erhalte $\varepsilon = \pm$ o."385.

Dieser Wert setzt sich zusammen aus dem m. F. einer Einstellung mit zugehöriger Kreisablesung und dem des Nadirpunktes. Da bei jedem Stern 3 Einstellungen gemacht sind, so läßt sich nach Elimination von Krümmung und Fadenneigung das Material wiederum wie oben zur Ableitung des m. F. benutzen. Es ergibt sich $\pm$ o"39 und damit der m. F. aus 3 Einstellunden $\pm$ o."225. Ich möchte hier bemerken, daß wenn man aus den Differenzen der 3 Einstellungen gegen ihr Mittel den m. F. rechnet, man $\pm$ o"29 resp. $\pm$ o"17 erhält, also einen sehr viel kleineren Wert.

Den m. F. des Nadirpunktes fanden wir früher zu $\pm$ o"20 und damit folgt der m. F. einer ZD zu $\pm$ o."301.

Es verbleibt somit noch eine Differenz zwischen diesem und dem obigen Werte im Betrage von $\pm$ o"24. Etwaige noch unbekannte Instrumentalfehler werden schwerlich hierfür verantwortlich zu machen sein. An Refraktionsstörungen kommen nur veränderliche Schichtenneigungen in Betracht. Nehmen wir mit Radau (Annales de l'Obs. de Paris XIX pag. 55) an, daß diese mit der Höhe im Verhältnis von 1 : 10 abnehmen, so ist ihr Einfluß auf die ZD, wenn $\lambda =$ Schichtenneigung,

$$dz = \text{o."}1 \cdot \lambda \cdot \sec^2 z$$

Wir müssen also für $z = 30^\circ$ $\lambda = \pm 2^\circ$ setzen. Die Möglichkeit solcher Störungen ist natürlich nicht ausgeschlossen, zumal auch die in dem Abschnitt über den Nadirpunkt diskutierten Tageskorrektionen für das Auftreten solcher sprechen.

Wir setzen nunmehr den m. F. aus 4 Beobachtungen $= \pm$ o."193. Zu diesem kommt noch der Einfluß des zufälligen Teilungsfehlers, den wir früher bei 2 Strichen zu $\pm$ o"144 fanden, also bei 4 Strichen, entsprechend den beiden Lagen des Instruments, zu $\pm$ o"072. Damit ergibt sich schließlich der m. F. einer Position zu $\pm$ o"206.

———— ————

Von größerer Bedeutung als dieser ist der systematische Fehler, und zwar nicht der der Einzelposition, sondern der des Systems. Es kommen hier hauptsächlich in Betracht: 1. der Bissektionsfehler der Einstellung verbunden mit der Helligkeitsgleichung, 2. der Fehler der Polhöhe und 3. der der Refraktion.

Die Polhöhe aus den vorliegenden Beobachtungeu abzuleiten ist nicht möglich; sie muß anderweitigen Bestimmungen entnommen werden. Sehe ich von den älteren Bestimmungen aus den Jahren 1820—65 ab, so bleibt als einzige absolute Bestimmung nur die von Bauschinger, 1891—93, an dem neuen Repsoldschen Meridiankreise (Neue Annalen der Münchner Sternwarte Bd. III); die übrigen von v. Orff und von Pummerer sind im I Vertikal oder nach der Horrebow Methode angestellt, also nur relativ im Systeme des betreffenden FC, und damit zur Ableitung absoluter Deklinationen nicht verwendbar.

Bauschinger hat sein umfangreiches Material eingehend untersucht; es ist ihm aber nicht gelungen, einen völlig einwandfreien Endwert zu erhalten. Ich verweise deshalb auf meine Arbeit über die „Astron. Refraktion", (Abh. der k. Bayer. Ak. d. W. XXVIII 9) und bemerke hier nur, daß der von Bauschinger als definitiv angenommene Wert $\varphi = + 48° 8' 45''57$ sich auf $+ 48° 8' 45''27$ reduziert, wenn man seine Lösung X als definitiv annimmt, bei der die Refraktionen sämtlich mit der inneren Temperatur gerechnet sind, und auf $+ 48° 8' 45''07$, der sich aus den ZD bis $76°$ und der Benutzung der äußeren Temperatur ergibt, der sich aber mit dem aus den größeren ZD folgenden nicht vereinigen läßt, besonders wegen der Differenzen der sich ergebenden Korrektionen der Refraktionskonstanten. Ich führe diese Werte hier an, weil sie für die nachfolgende Vergleichung unserer Resultate mit den Positionen des FC von Interesse sind. Ich nehme zunächst an

$$\varphi = + 48° 8' 45''57.$$

Die Polhöhenschwankungen, die den „Vorläufigen Ergebnissen des Internationalen Breitendienstes im Jahre 1916". Von B. Wanach (Astr. Nachr. 205 pag. 187) entnommen sind, können zu merklichen systematischen Differenzen keinen Anlaß geben.

Die anzuwendende Refraktionskonstante ist durch die Wahl der Polhöhe bedingt; ein Fehler derselben geht jedoch in unsere rund $30°$ betragende ZD nur mit dem halben Betrage ein. Den 3 genannten Werten Bauschingers der Polhöhe entsprechen die Refraktionskonstanten $60''104$, $60''52$ und $60''40$. Setzt man statt des ersten Wertes von φ den zweiten oder dritten, so werden die ZD größer um $0''24$ oder $0''17$. Als Mittel aus 7 neueren Bestimmungen nimmt Bauschinger schließlich an $a = 60''153$ und diesen Wert legt auch de Ball seinen Tafeln zu Grunde.

Als Temperatur ist hierfür alsdann die innere zu wählen. Das ist in unserem Falle von Bedeutung, denn wie wir sahen, beträgt ihre Differenz gegen die äußere im Mittel $+ 1°8$ oder in Refraktion für $z = 30°$ $\Delta R = - 0''22$.

Hiernach darf das vorliegende System nur insoweit als absolut betrachtet werden, als die Bauschingerschen Konstanten als richtig angesehen werden können. Hinsichtlich der Refraktionskonstanten trifft dieses ohne Frage zu, da alle neueren Bestimmungen eine gleiche Verringerung des Besselschen Wertes verlangen. Der Polhöhenwert jedoch bedarf der weiteren Bestätigung, die wir hier nur insoweit vornehmen können, als wir die Ergebnisse der Vergleichung mit dem NFK feststellen

Hierauf werde ich in § 8 näher eingehen.

§ 7. Die Resultate.

Die nachfolgende Zusammenstellung gibt die Deklinationen und ihre EB. Unter der Angabe der Gruppe befindet sich die der Epoche. Die No. der Sterne beziehen sich auf AGC XI (Berlin A), eingeklammerte auf die benachbarten Zonen, die sofort aus der Deklination zu ersehen sind. Es folgt die genäherte AR, die der Tabelle 1 der Parallaxenarbeit entnommen ist. Da dort das Aequinox 1910.0 gewählt ist, so habe ich es auch für die Deklinationen beibehalten. Alle Reduktionen wurden mit der Newcombschen Praecessionskonstanten vorgenommen. Wegen der Größe der Sterne, die ich hier nicht wiederhole, ebenfalls wegen des Spektraltypus, der EB in AR und der Parallaxen verweise ich auf die Tabellen 1 und 21 der genannten Arbeit. Wie dort sind auch hier die EB in Dekl. zunächst nur abgeleitet aus der Vergleichung mit AGC XI und zwar für sämtliche Sterne; wie weit sie als reell zu betrachten sind, muß einer weiteren Untersuchung vorbehalten bleiben. Die Epochendifferenz beträgt rund 46 Jahre. Die Positionen der AGC XI sind verbessert um die von Auwers abgeleiteten Reduktionen, Einleitung pag. 131, und Astr. Abh. als Ergänzungshefte zu den Astr. Nachr. Nr. 7 pag. 46.

Einzelne Sterne — insgesamt 18 — kommen in 2 Gruppen vor; ihre Deklinationen sind hier gesondert angeführt, bei den EB ist aber aus beiden das Mittel genommen. Sie sind mit einem Sternchen gekennzeichnet.

Gruppe Epoche	No.	α genähert	δ (1910.0)	μ_δ
I	9776	0ʰ 0ᵐ 20ˢ	17° 55′ 20″ 39	— 0″061
1916.92	3	2 28	17 41 32 44	— 1
	15	4 24	17 42 43 05	+ 19
	22	5 43	18 8 58 35	+ 18
	29	8 27	19 41 25 68	+ 11
	38	9 57	19 42 23 56	+ 41
	46	11 7	19 4 12 40	+ 72
	70	15 10	20 8 16 15	+ 26
	75	17 31	17 44 36 12	— 15
	82	18 53	17 1 40 05	+ 35
	100	22 19	17 24 21 63	+ 20
	109	23 21	17 23 42 13	+ 61
	120	25 25	18 55 37 74	+ 12
	145	27 52	19 47 56 16	— 4
	160	30 4	20 15 31 28	— 2
	183	36 15	19 57 22 41	— 9
	190	37 11	19 55 54 10	+ 15
	214	43 9	16 28 7 52	— 9
	220	44 15	16 27 17 19	— 178
	224	45 54	16 30 4 39	— 15
	239	48 49	18 41 59 02	— 46
	243	49 49	18 42 2 41	+ 2
	255	51 37	17 36 55 87	+ 2
	271	53 39	19 16 49 57	— 26
	297	59 8	20 18 12 16	— 23
	315	1 3 7	20 15 39 10	— 59
	324	5 0	19 10 44 16	+ 50
	339	6 35	19 25 20 60	+ 35
II	360	12 11	20 17 32 89	+ 13
1916.74	381	16 0	19 9 4 92	0
	395	18 33	19 59 57 08	+ 4
	402	20 3	18 36 0 87	+ 13
	409	21 24	18 42 15 35	+ 41
	424	25 1	17 53 27 05	+ 33
	434	26 25	18 4 36 38	+ 11
	456	29 1	18 19 7 23	— 22
	474	35 12	18 50 43 89	+ 17
	490	37 36	19 49 48 73	— 643
	499	40 54	19 51 35 69	— 85
	508	42 21	19 51 44 36	+ 41
	514	43 35	19 51 26 79	+ 22
	(562)	47 35	20 37 16 51	+ 13
	543	49 40	20 22 6 39	— 71
	562	53 18	19 59 40 13	+ 9
	579	56 56	19 43 22 92	+ 35
	588	58 49	18 51 37 30	+ 7
	611	2 5 38	19 4 34 82	— 4
	624	9 42	18 38 23 18	— 20
	632	11 15	19 16 26 93	+ 25

Gruppe Epoche	No.	α genähert	δ (1910.0)	μ_δ
II	641	$2^h\,13^m\,7^s$	19° 29′ 7″54	+ 0″041
1916.74	646	15 31	19 42 42 38	+ 17
	652	17 3	20 4 35 25	+ 7
III	719	35 42	19 36 26 69	+ 13
1916.08	722	35 59	19 35 56 98	+ 2
	729	37 17	19 37 42 45	— 37
	741	40 43	19 24 32 71	— 107
	754	42 53	17 14 35 48	— 4
	763	44 16	17 5 26 02	+ 20
	769	46 8	16 33 11 85	0
	778	48 43	18 15 59 20	+ 37
	786	50 44	18 47 18 81	— 39
	793	52 56	20 18 29 78	— 17
	(874)	55 28	20 40 59 36	+ 6
	824	3 1 29	20 17 31 68	+ 20
	834	4 29	18 41 18 36	+ 35
	848	6 29	19 23 13 08	+ 32
	855	7 35	20 3 43 19	— 39
	864	9 38	20 0 23 20	+ 35
	874	11 8	20 10 17 17	+ 4
	932	24 39	18 25 46 46	— 20
	943	27 20	17 18 33 46	— 63
	951	29 1	17 32 16 18	— 287
	962	31 9	17 30 49 62	— 11
	970	32 13	18 18 1 07	+ 13
	984	34 50	19 31 8 03	+ 13
	990	37 7	19 24 46 00	0
	994	38 18	19 22 37 26	— 13
	1003	39 50	19 16 48 93	+ 174
IV	1052	51 50	18 34 44 59	— 29
1916.08	1066	56 15	19 20 38 58	+ 7
	1072	57 59	18 25 10 77	+ 15
	1084	4 1 2	19 37 52 68	— 7
	1094	3 55	19 22 19 01	— 7
	1100	5 30	18 11 20 22	— 11
	1110	7 53	19 19 14 92	— 4
	1115	10 5	18 23 56 30	+ 41
	1131	13 27	17 35 22 91	— 7
	1140	15 11	18 31 38 76	— 13
	1151	17 45	17 19 55 79	— 7
	1158	18 54	17 14 10 59	— 20
	1170	20 17	17 43 22 39	+ 7
	1188	23 22	18 58 53 58	— 2
	1205	26 7	17 4 38 68	+ 7
	1213	28 7	19 37 25 66	— 11
	1229	30 26	19 41 48 63	+ 24
	1241	32 1	18 21 39 08	+ 20
	1248	33 16	18 53 53 98	+ 2
	1259	35 12	17 58 52 45	+ 13
	1269	37 0	18 10 29 98	+ 28

Gruppe Epoche	No.	α genähert	δ (1910.0)	μ_δ
IV	1281	$4^h 39^m 14^s$	19° 5′ 3″76	— 0.″017
1916.08	1293	41 1	18 34 21 53	— 33
	1306	43 3	18 37 27 83	+ 46
	1326	46 6	18 41 15 03	— 4
	1348	49 59	18 4 10 69	+ 15
	1354	51 52	19 14 38 21	+ 4
V	1384	59 40	17 39 29 77	0
1916.09	1393	5 0 47	18 3 44 26	+ 24
	1399	2 8	18 31 30 60	+ 50
	1403	3 32	19 44 37 57	+ 17
	1414	5 31	19 9 35 81	+ 28
	1421	6 37	19 49 14 99	+ 20
	1422	6 43	19 50 30 66	+ 24
	1431	8 56	19 46 59 81	— 211
	(1697)	12 17	20 19 29 23	+ 31
	1464	13 55	20 2 27 88	— 11
	1477	15 38	19 43 26 79	+ 7
	1491	17 43	18 48 45 48	0
	1506	19 10	17 18 2 20	+ 7
	1519	21 2	16 37 11 49	— 24
	1532	22 48	17 9 54 11	— 41
	1544	24 35	18 21 35 08	— 15
	1563	26 56	18 31 41 43	+ 20
	1585	29 56	18 30 40 88	+ 2
	1597	30 51	18 31 2 01	— 11
	1600	31 0	18 32 50 63	+ 11
VI	1669	38 15	18 6 13 55	+ 20
1916.44	1680	39 36	18 41 57 67	+ 9
	1684	40 6	18 41 23 74	— 9
	1698	42 11	17 41 46 45	+ 2
	1707	43 58	17 42 43 56	— 7*
	1714	45 4	18 31 53 99	— 9
	1743	47 57	18 57 4 53	— 11
	1758	49 37	19 43 58 64	+ 6
	1771	51 17	19 43 45 82	+ 31*
	1798	52 56	19 41 30 44	+ 18*
	1831	54 57	20 3 0 74	0*
	1869	58 8	19 41 34 51	+ 22
	1874	58 34	20 8 28 66	+ 14*
	1889	6 0 0	20 8 16 57	+ 20*
	1904	1 22	20 6 50 36	+ 19*
	1935	3 53	19 46 21 41	— 43
	1977	6 41	19 48 40 94	+ 4
	1990	7 52	19 27 36 99	— 11
	2014	9 33	19 11 15 05	— 157
	2036	11 6	18 50 12 94	+ 37
	2059	13 28	19 22 39 06	— 13
VII	2232	29 9	16 42 57 54	+ 11
1916.21	2248	30 16	15 46 56 84	— 11
	2270	32 31	16 28 35 51	— 29

Gruppe Epoche	No.	a genähert	δ (1910.0)	μ_δ
VII 1916.21	2282	$6^h 33^m 10^s$	16° 29' 6" 29	— 0."013
	2305	34 46	16 26 32 65	— 13
	2320	36 10	16 28 55 35	+ 9
	2329	37 10	17 44 1 70	— 80
	2359	39 46	17 49 16 21	— 9
	2384	.41 58	18 16 14 97	— 4
	2391	42 39	18 18 32 74	— 17
	2443	46 23	17 1 59 80	— 13
	2470	49 19	16 38 32 86	— 17
	2488	51 55	15 42 27 66	— 17
	2515	54 12	16 11 23 54	— 20
	2524	55 6	16 12 13 75	— 2
	2553	57 9	15 27 56 35	+ 13
	2562	58 8	15 23 39 73	— 7
	2569	58 49	15 23 52 69	— 2
	2584	59 27	15 23 57 63	— 2
VIII 1916.21	2654	7 4 39	16 20 24 28	— 17
	2675	6 31	15 17 57 06	— 28
	2695	8 12	16 18 44 50	— 17
	2721	10 10	15 23 41 98	— 26
	2748	12 36	16 40 27 96	— 7
	2752	12 55	16 42 12 04	— 20
	2772	14 59	15 18 34 71	— 22
	2784	15 48	15 20 13 15	— 13
	2805	18 5	16 0 16 80	— 35
	2826	20 48	17 9 6 83	— 4
	2864	24 34	17 34 8 89	+ 7
	2882	26 37	16 16 41 01	— 76
	2901	28 28	16 1 14 96	— 4
	2919	30 27	15 57 38 97	— 43
	2943	32 55	17 16 42 90	— 22
	2957	34 17	17 52 48 23	+ 9
	2971	36 6	18 16 50 05	— 74
	2984	37 17	18 13 57 35	— 46
	3004	39 16	18 49 0 87	+ 4
	3015	40 55	18 43 48 60	— 37
	3044	43 57	18 14 50 07	— 22
	3062	46 0	18 2 57 07	— 37
IX 1916.21	3076	48 9	15 49 55 63	— 26
	3098	50 1	15 28 43 11	— 22
	3113	51 53	16 1 51 88	— 46
	3132	53 23	16 45 41 93	+ 7
	3162	56 23	16 42 14 37	+ 9
	3177	58 48	16 53 55 03	— 4
	3189	8 0 46	16 45 35 72	— 11
	3203	3 0	16 40 37 47	+ 43
	3223	5 56	16 50 25 07	— 18
	3237	7 53	16 47 5 10	— 37
	3250	9 38	16 51 42 39	0
	3260	11 3	16 48 17 80	— 39

Gruppe Epoche	No.	a genähert	δ (1910.0)	μ_δ
IX	3273	$8^h\ 13^m\ 55^s$	$18°\ 26'\ 42.''58$	$+\ 0.''004$
1916.21	3289	16 4	18 7 49 07	— 4
	3313	18 13	18 37 18 62	— 11
	3332	21 17	18 7 7 06	+ 7
	3353	23 38	18 40 2 50	+ 24
	3373	26 28	18 23 57 14	— 30
	3397	28 54	18 7 8 94	— 15
	3409	30 33	18 12 32 00	+ 11
	3466	35 44	18 34 10 80	+ 7
	3491	38 32	18 26 35 29	- 17
	3502	39 34	18 29 7 43	— 212
	3520	41 26	19 5 24 45	— 15
	3534	44 19	18 17 16 09	— 4
	3545	45 38	19 10 6 28	+ 4
	3559	47 12	19 41 20 52	+ 11
	3568	48 46	19 9 10 37	0
X	3707	9 5 28	15 57 12 90	— 9
1916.21	3713	6 26	15 56 43 74	+ 30
	3729	8 13	15 7 4 54	— 28
	3739	10 16	15 18 55 32	0
	3752	12 22	16 55 43 16	— 30
	3762	13 58	18 5 14 26	— 102
	3775	15 44	17 56 7 85	— 78
	3793	19 3	18 34 18 22	+ 20
	3800	20 33	16 58 27 95	-- 7
	3829	24 44	16 44 23 86	+ 13
	3843	28 1	16 53 34 05	+ 17
	3857	29 46	16 50 50 99	+ 13
	3869	32 5	16 50 30 31	+ 22
	3888	35 27	17 22 42 15	— 72
	3916	39 37	16 19 37 30	0
XI	4024	58 18	16 43 32 54	— 24
1916.22	4031	10 0 23	16 54 11 66	— 41
	4041	2 26	17 12 7 05	+ 22
	4053	4 59	17 13 23 76	— 24
	4064	6 54	17 43 10 38	— 22
	4078	8 16	17 27 57 68	— 17
	4098	12 24	15 58 5 24	0
	4114	14 51	15 7 41 70	— 37
	4123	17 0	15 25 46 87	+ 4
	4135	19 44	15 36 0 04	-+ 20
	4157	23 2	14 43 46 04	— 22
	4170	24 59	14 36 19 83	— 28
	4183	27 24	14 35 58 22	+ 26
	4191	30 23	15 3 46 68	— 13
	4199	31 44	16 30 10 13	— 22
	4214	34 5	16 35 46 80	0
	4233	37 20	16 45 17 01	+ 24
	4251	41 39	14 40 12 02	— 46
	4262	43 17	14 41 12 15	— 4
	4269	44 49	14 40 40 18	+ 28

Gruppe Epoche	No.	α genähert	δ (1910.0)	μ_δ
XII	4338	10^h 57^m 23^s	18° 6′ 55″.63	-- 0″.004
1916.24	4346	59 34	18 23 9 26	— 35
	4356	11 1 58	18 13 28 76	+ 2
	4367	4 3	17 17 50 88	— 20
	4376	6 14	15 44 49 82	+ 2
	4387	9 31	15 55 18 12	— 49
	4397	11 58	15 32 12 72	— 26
	4399	12 25	15 30 38 72	— 39
	4408	15 25	17 34 49 33	— 57
	4420	18 44	16 29 12 44	+ 20
	4427	20 55	16 57 5 78	+ 11
	4433	23 0	16 30 23 54	— 22
	4440	25 1	15 54 38 04	— 33
	4458	29 27	15 23 24 76	— 28
	4466	31 25	16 52 47 65	+ 50
XIII	4510	41 16	15 31 18 99	— 24
1916.28	4519	42 50	15 4 45 15	+ 20
	4528	44 28	15 4 30 25	— 107
	4535	46 1	16 13 51 42	— 30
	4543	47 47	14 57 31 68	+ 7
	4551	49 18	16 24 35 67	— 13
	4564	51 3	16 8 52 57	+ 24
	4575	54 18	15 46 1 84	+ 4
	4583	56 41	16 21 24 36	+ 30
	4589	58 12	15 16 51 17	— 35
	4597	12 2 36	15 36 5 54	— 17
	4607	4 44	15 54 56 70	— 157
	4624	9 14	15 57 55 40	— 60
	4631	11 26	15 24 1 19	— 2
	4645	15 17	14 52 59 38	+ 17
	4648	16 7	15 38 39 92	+ 17
XIV	4690	24 53	19 48 47 14	+ 2
1916.34	4694	25 37	19 48 21 48	— 9
	4701	28 22	18 7 6 83	— 4
	4705	30 36	18 52 21 76	+ 39
	4706	30 37	18 52 21 49	+ 41
	4714	32 28	17 35 8 03	+ 11
	4719	34 31	17 55 55 41	— 2
	4725	36 32	18 36 32 29	+ 13
	4736	38 46	17 35 28 72	+ 28
	4749	42 9	17 4 8 99	+ 11
	4769	46 41	17 31 48 22	0
	4777	47 44	17 33 48 84	+ 2
	4786	49 41	17 52 10 46	— 63
	4789	51 29	16 42 54 70	+ 11
	4799	54 28	17 53 40 66	+ 47
	4812	57 8	17 14 56 07	— 20
	4826	13 1 1	19 3 51 25	— 80
	4834	3 25	18 5 51 02	+ 20
	4848	5 37	18 0 20 53	+ 141

Gruppe Epoche	No.	a genähert	δ (1910.0)	μ_δ
XIV	4862	13h 8m 50s	19° 12' 19."93	— 0."065
1916.34	4872	12 5	19 25 53 11	— 33
	4884	14 54	18 15 56 49	+ 11
XV	4947	27 28	17 35 41 83	— 7
1916.38	4959	29 37	17 55 51 95	— 78
	4970	32 46	17 40 7 30	— 7
	4973	34 42	18 43 22 58	— 20
	4987	37 48	18 56 45 31	+ 20
	4991	38 59	19 41 6 97	+ 2
	5004	41 16	18 11 37 04	— 11
	5012	42 59	17 54 19 47	+ 63
	5019	45 7	18 19 35 33	+ 4
	5028	46 5	18 14 43 98	— 137
	5040	48 55	18 22 35 07	+ 30
	5045	50 24	18 50 53 34	— 346
	5055	52 21	18 7 52 16	+ 9
	5069	54 4	19 22 56 98	— 4
	5077	56 7	18 4 4 45	— 48
	5083	57 20	18 6 18 64	— 80
	5097	59 8	18 5 53 59	+ 52
	5105	14 1 42	18 42 16 56	— 26
	5130	5 59	19 46 50 90	+ 4
	5145	7 55	19 47 1 07	0
	5159	10 13	19 23 12 10	— 35
	5168	11 33	19 38 50 16	— 2.007
	5180	14 20	19 21 59 95	+ 9
	5194	17 29	19 46 32 11	— 104
	5202	19 9	18 58 14 82	— 65
	5219	22 16	19 37 53 21	+ 52
	(5089)	25 43	19 59 10 56	— 9
	5246	27 48	19 9 54 06	— 24
XVI	5262	31 34	17 55 34 49	— 35
1916.42	5280	34 3	18 41 21 69	— 48
	5290	36 0	18 44 9 93	+ 15
	5299	37 27	18 50 31 84	+ 13
	5310	38 52	18 26 46 25	— 272
	5323	41 2	17 20 42 58	— 35
	5335	42 11	16 53 46 17	— 909
	5348	44 4	19 3 14 38	— 15
	5363	47 14	19 28 27 08	— 59
	5384	49 50	18 52 0 17	+ 13
	5397	53 0	16 45 1 45	+ 7
	5417	56 25	16 27 48 42	— 15
	5425	57 48	17 45 47 61	+ 4
	5440	15 1 21	18 35 8 41	+ 13
	5444	3 13	18 47 21 36	— 35
	5462	5 47	18 3 38 81	— 15
	5473	7 59	19 18 52 50	+ 22
	5489	10 43	19 4 45 56	— 57
	5501	14 12	19 10 55 90	+ 54

Gruppe Epoche	No.	α genähert	δ (1910.0)	μ_δ
XVI	5521	$15^h 17^m 53^s$	19° 30′ 8″41	+ 0″009
1916.42	5539	21 50	19 47 48 03	— 15
	5563	26 17	19 58 17 32	— 7
	5579	29 4	19 10 46 89	— 17
XVII	5600	33 56	17 32 29 98	+ 48
1916.46	5607	35 56	18 28 28 40	— 50
	5618	37 52	18 45 2 15	+ 57
	5631	40 14	18 37 30 77	+ 52
	5650	42 56	18 20 46 93	— 15
	5660	44 41	18 25 8 81	— 68
	5665	46 23	17 47 41 41	— 9
	5680	49 1	18 50 18 92	+ 20
	5700	51 38	18 53 1 47	— 4
	5708	53 25	18 17 59 72	+ 20
	5715	54 52	17 40 52 40	+ 4
	5733	57 12	18 4 1 55	+ 187
	5741	16 0 39	18 19 38 99	+ 30
	5766	4 2	17 28 2 38	+ 43
	5799	8 33	19 5 14 07	+ 33
	5819	11 29	19 2 5 84	— 61
	5830	13 29	19 0 36 93	+ 11
	5841	15 45	18 0 25 61	— 9
	5850	17 57	19 21 51 62	+ 76
	5864	20 0	19 24 10 30	+ 22
	5886	22 32	19 40 56 74	+ 11
XVIII	6017	43 48	18 1 52 59	+ 24
1916.47	6034	46 45	17 44 18 86	— 63
	6046	48 42	18 12 43 73	— 20
	6066	51 25	18 34 36 60	+ 52
	6079	53 44	19 16 3 68	+ 20
	6091	55 45	19 33 0 04	— 102
	6103	57 30	19 54 8 99	— 9
	6127	17 0 46	19 43 24 08	+ 22
	6135	2 13	20 4 29 09	— 2
	6146	4 24	19 18 4 56	— 41
	6155	6 19	18 8 28 60	— 7
	6168	8 44	18 10 3 90	+ 20
XIX	6209	14 53	18 3 19 51	+ 13
1916.57	6226	16 21	18 8 57 16	— 37
	6240	18 47	17 56 55 05	+ 20
	6252	20 13	17 32 56 05	+ 30
	6267	21 54	16 59 45 77	+ 28
	6281	23 49	17 1 28 30	+ 13
	6290	25 7	17 31 37 06	+ 35
	6302	26 48	18 45 11 15	+ 30
	6325	29 28	19 19 17 21	— 78
	6341	30 52	20 4 58 87	— 17
	6361	33 33	19 39 37 50	+ 28
	6398	38 2	18 22 12 54	+ 11
	6419	41 20	18 4 19 71	+ 4

Gruppe Epoche	No.	α genähert	δ (1910.0)	μδ
XIX 1916.57	6436	17ʰ 43ᵐ 10ˢ	17° 43′ 47″.97	+ 0″.011
	6453	44 53	19 17 1 71	+ 13
	6464	47 4	19 16 12 07	— 18
	6481	49 7	19 30 21 46	+ 15
	6534	55 29	19 48 25 97	+ 7
	6547	56 48	19 37 28 81	— 11
	6573	59 21	19 36 37 95	0
	6592	18 1 12	20 3 32 35	+ 15
	6613	3 30	19 41 42 53	+ 7
	6624	5 0	20 1 50 98	+ 11
	6640	6 53	19 30 32 57	— 9
	6659	8 55	19 46 42 13	+ 9
	6661	9 7	19 48 1 30	+ 11
XX/XXI 1916.62	6720	15 5	16 25 58 11	— 4
	6744	17 36	18 8 16 72	— 13
	6756	18 50	17 46 52 15	+ 48
	6775	20 44	17 48 12 07	— 15
	6799	22 58	17 40 47 80	+ 3
	6838	25 49	16 54 14 96	+ 59
	6847	27 4	16 51 57 24	— 11
	6865	28 59	17 24 46 76	— 7
	6893	31 15	18 7 51 85	+ 9
	6909	32 56	18 15 42 04	— 4
	6929	34 46	18 20 30 17	+ 26
	6992	41 30	18 5 16 62	+ 15
	7009	43 3	18 4 52 62	+ 152
	7031	44 58	19 13 39 12	0
	7051	47 10	19 17 23 18	— 2
	7068	48 34	18 33 26 69	+ 48
	7085	50 32	18 30 4 05	+ 41
	7100	52 8	17 59 32 09	— 148
	7113	53 50	17 51 10 36	— 2
	7128	55 6	19 3 44 47	+ 13
	7162	57 9	19 10 55 70	+ 28
	7185	58 57	19 31 46 70	+ 15
	7206	19 0 9	19 50 40 83	— 26
	7230	2 17	19 35 9 03	0
XXII 1916.68	7378	16 5	19 13 18 36	— 2
	7391	17 21	19 37 41 58	— 2
	7409	19 52	20 5 21 97	+ 13
	7439	22 17	19 55 7 08	— 2
	7474	24 43	19 16 34 43	— 37
	7490	26 19	20 8 35 56	0
	7506	28 18	19 37 17 31	— 13
	7529	30 38	19 34 35 67	+ 15
	7562	32 59	19 15 48 34	— 24
	7581	34 24	17 54 56 25	+ 41
	7607	36 4	17 48 23 70	+ 13
	7616	37 0	17 16 2 08	— 22
	7631	38 22	17 18 35 52	+ 13

Gruppe Epoche	No.	α genähert	δ (1910.0)	μ_δ
XXII	7643	$19^h\ 38^m\ 52^s$	$17°\ 17'\ 44''.59$	$+\ 0''.007$
1916.68	7648	40 7	18 20 57 89	+ 7
	7686	43 22	18 18 43 04	+ 27
	7712	44 59	18 54 58 18	+ 35
	7763	49 9	18 7 28 33	+ 4
	7787	51 5	19 3 44 55	— 26
	7810	53 7	19 19 23 35	+ 2
	7832	54 45	19 14 51 23	+ 61
	7846	56 12	19 4 46 32	+ 9
	7850	56 33	19 5 11 06	+ 7
	7867	58 22	19 28 21 43	+ 7
	7894	59 58	18 28 48 14	— 130
	7914	20 1 10	19 43 59 01	+ 120
	7946	2 57	20 16 56 45	— 76
	7967	4 21	20 16 25 75	— 13
	7992	6 48	19 30 25 56	— 26
XXIII/XXIV	8140	18 14	18 52 39 61	+ 4
1916.75	8156	20 13	18 51 16 20	+ 23
	8172	21 59	19 34 14 57	+ 20
	8182	23 13	20 10 48 42	— 2
	8204	25 20	19 47 15 88	+ 7
	8230	27 32	19 52 11 61	+ 37
	8249	29 24	18 14 17 42	— 4
	8272	31 43	18 26 11 62	+ 4
	8297	33 48	17 57 8 25	+ 93
	8323	37 5	17 52 59 99	+ 13
	8380	42 13	17 35 11 41	— 9
	8426	46 29	17 42 54 04	+ 48
	8479	50 57	18 54 57 38	+ 28
	8496	53 5	18 7 15 60	0
	8533	56 21	18 58 45 86	— 28
	8558	58 33	19 2 37 04	— 13
	8591	21 3 6	18 29 29 90	+ 26
	8597	3 46	18 29 17 14	— 11
XXV	8689	15 6	19 17 47 67	0
1916.81	8695	15 58	19 18 17 87	— 9
	8713	17 55	19 25 10 10	+ 105
	8732	20 16	19 2 14 17	— 13
	8745	22 16	18 59 8 19	+ 48
	8752	23 34	19 33 19 29	— 15
	8770	26 7	19 21 4 00	+ 13
	8778	27 27	20 18 22 44	— 13
	8802	30 36	19 32 8 21	— 17
	8822	33 33	18 54 48 72	+ 43
	8829	34 49	19 51 32 83	+ 15
	8854	39 43	19 30 24 56	+ 24
	8876	41 56	19 36 33 01	+ 15
	8888	44 8	18 59 13 09	+ 15
	8910	45 59	19 0 56 56	+ 30
	8930	49 23	19 14 38 10	+ 33

Gruppe Epoche	No.	α genähert	δ (1910.0)	μ_δ
XXV	8952	$21^h 51^m 4^s$	$19° 14' 42'' 13$	$+$ $0''041$
1916.81	8967	52 16	19 14 40 66	$+$ 20
	8993	56 49	19 6 22 18	$+$ 4
	9027	22 0 55	19 5 22 41	0
	9041	3 11	19 2 6 75	$+$ 54
	9059	6 10	19 58 11 84	$+$ 246
	9072	7 20	18 12 58 35	$+$ 7
XXVI	9183	23 30	20 12 58 53	$-$ 26
1916.81	9194	25 4	19 41 22 72	0
	9214	28 14	19 45 58 33	$+$ 59
	9225	29 34	20 2 35 83	$+$ 11
	9241	31 29	19 48 39 95	$-$ 65
	9253	34 31	19 3 22 89	$-$ 80
	9263	35 25	19 12 45 01	$-$ 2
	9273	36 26	19 13 23 93	$-$ 2
	9285	38 22	18 26 31 70	$+$ 4
	9308	41 5	18 53 31 86	$+$ 80
	9326	43 58	19 19 2 88	$+$ 7
	9342	45 57	19 50 17 16	$+$ 8
	9363	49 57	20 0 26 83	$+$ 20
	9382	53 3	20 17 11 23	$+$ 84
	9402	55 18	20 8 19 24	$+$ 20
	9407	56 51	19 49 2 45	$+$ 9
	9448	23 0 43	18 12 12 70	$-$ 30
	9454	1 50	18 1 49 53	$+$ 85
	9468	4 14	17 28 21 04	$+$ 41
	9478	6 14	17 6 24 09	$-$ 9
	9486	9 3	17 57 3 26	$+$ 23
XXVII	9497	10 16	20 23 52 09	$-$ 50
1916.86	9509	12 45	19 29 4 49	$-$ 43
	9533	15 31	19 28 4 35	$+$ 30
	9549	18 12	20 20 7 69	$-$ 11
	9571	22 25	19 52 26 50	$+$ 30
	9594	26 25	20 5 4 50	$+$ 61
	9608	29 25	20 20 39 31	$+$ 13
	9618	31 12	20 5 8 66	$-$ 107
	9637	33 24	17 54 7 90	$+$ 39
	9657	36 17	17 48 14 31	$-$ 76
	9671	38 40	17 32 18 47	$-$ 22
	9705	44 31	18 45 16 14	$+$ 5
	9709	45 31	19 2 45 74	$-$ 15
	9719	47 54	18 37 14 28	$+$ 5
	9730	50 16	18 42 23 29	$-$ 17
	9735	51 28	19 21 19 78	$-$ 2
	9747	55 6	18 31 27 27	$+$ 21

Gruppe Epoche	No.	a genähert	δ (1910.0)	μ_δ

Die Zusatzgruppen.

Gruppe Epoche	No.	a genähert	δ (1910.0)	μ_δ
IVa	1017	3ʰ 44ᵐ 13ˢ	17° 32′ 19″ 66	— 0″ 002
1916.10	1023	45 29	17 30 16 66	— 22
	1032	48 1	17 3 34 53	— 17
	1041	49 28	17 4 42 32	+ 17
	1057	53 47	16 38 54 54	— 135
	1063	55 38	17 56 26 35	— 7
	1072	57 59	18 25 10 28	+ 7
	1079	4 0 10	17 25 38 01	— 4
	1090	2 50	17 5 59 50	+ 30
	1096	4 13	16 55 30 05	+ 35
	1106	6 30	17 0 59 49	+ 2
	1107	7 22	17 2 47 01	+ 20
	(1243)	9 21	14 23 51 67	+ 12
	(1252)	13 19	14 20 4 98	+ 17
	1137	14 40	15 24 38 94	— 7
	1144	16 23	16 35 29 32	— 98
	1150	17 35	16 34 48 76	— 15
	1155	18 15	16 34 4 06	— 22
	1175	21 13	15 24 52 23	— 15
	1186	23 18	16 9 32 29	+ 46
	1199	25 1	15 26 31 34	0
	1202	25 31	15 29 48 10	— 21
	1210	27 41	15 48 54 31	— 30
	1214	28 18	15 46 16 36	+ 9
	1219	28 30	15 46 23 14	— 46
	1233	30 45	16 19 43 15	— 166
	1242	32 2	15 45 29 22	— 126
	1252	34 1	15 37 23 03	— 37
	1266	36 21	16 31 59 29	+ 26*
	1276	37 54	16 7 38 20	— 20*
	1282	39 17	15 53 29 27	— 33*
Va	1266	36 21	16 31 58 79	+ 26*
1916.94	1276	37 54	16 7 37 89	— 20*
	1282	39 17	15 53 28 74	— 33*
	1305	42 46	15 50 40 79	— 20
	1318	44 35	15 44 51 85	— 4
	1328	46 17	15 43 42 50	+ 22
	1338	48 39	15 36 16 94	— 4
	1356	52 10	17 0 47 25	0
	1362	53 31	17 51 2 63	— 61
	1370	55 38	16 59 14 87	— 7
	1379	56 52	16 3 36 86	— 20
	1382	59 25	15 16 45 52	— 15
	1396	5 1 47	16 0 3 57	— 28
	1410	4 33	15 28 58 87	— 13
	1420	6 31	15 56 6 44	+ 30
	1434	9 31	15 6 16 79	— 35
	1469	14 53	16 1 47 23	0

Gruppe Epoche	No.	a genähert	δ (1910.0)	μ_δ
Va	1483	$5^h\ 16^m 49^s$	16° 0′ 15″98	− 0″007
1916.94	1497	18 26	16 36 54 18	0
	1513	20 28	16 33 20 07	+ 15
	1525	22 5	15 10 51 12	0
	1548	25 17	15 17 28 67	− 50
	1559	26 24	15 15 19 10	− 46
	1589	30 1	16 27 54 29	0
	1604	31 50	16 59 7 51	− 30
	1620	34 6	17 40 49 50	+ 9*
VIa	1620	34 6	17 40 49 65	+ 9*
1917.14	1639	36 6	16 29 16 86	+ 4
	1668	38 4	16 37 51 02	− 17
	1682	39 48	15 35 50 20	+ 7
	1693	41 35	15 47 16 99	− 20
	1707	43 58	17 42 44 23	− 3*
	1722	45 43	19 50 41 89	− 4
	1735	47 3	19 50 44 52	+ 37
	1758	49 37	19 43 59 12	+ 6*
	1771	51 17	19 43 46 05	+ 31*
	1798	52 56	19 41 31 01	+ 18*
	1831	54 57	20 3 0 82	0*
	1874	58 34	20 8 28 83	+ 14*
	1889	6 0 0	20 8 16 79	+ 20*
	1904	1 22	20 6 50 85	+ 19*
	1925	3 10	15 44 25 29	− 4
	1934	3 45	15 43 9 37	+ 7
	1983	6 52	16 9 5 78	− 4
	2009	9 13	17 55 57 48	+ 11
	2025	10 14	16 10 17 67	+ 13
	2050	12 46	15 44 51 23	− 11
	2058	13 21	15 40 30 27	+ 13
	(2177)	15 3	14 50 30 75	− 20
	2120	18 36	15 1 19 25	− 13
	(2239)	20 20	14 46 19 52	+ 16
	(2263)	21 52	14 49 58 51	+ 2
	(2282)	23 33	14 55 16 31	+ 23
XVIIa	5588	15 31 52	16 24 29 66	− 27
1916.50	5593	32 40	16 25 0 02	− 9
	5601	34 20	16 43 0 12	+ 78
	5612	36 51	16 18 52 52	− 4
	5620	37 55	16 43 13 82	+ 20
	5633	40 37	17 32 49 34	+ 28
	5643	42 2	15 42 11 12	− 41
	5656	44 5	15 40 37 99	+ 2
	5664	46 18	17 1 23 98	− 44
	5682	49 28	16 20 32 09	+ 2
	5697	51 13	16 17 45 87	− 200
	5702	52 18	15 57 9 78	− 1.280
	5716	54 55	16 0 10 63	0

Gruppe Epoche	No.	α genähert	δ (1910.0)	μ_δ
XVII a 1916.50	5723	15h 56m 6s	16° 2' 10".41	— 0".122
	5735	58 18	16 8 9 66	+ 35
	5740	16 0 8	17 20 49 82	+ 14
	5750	2 11	17 38 47 46	+ 15
	5764	4 1	17 17 11 46	+ 13
	5784	6 52	16 30 26 47	— 2
	5803	8 50	17 13 48 26	+ 4
	5813	10 15	17 24 58 44	— 4
	5830	13 29	19 0 36 98	+ 13
	5841	15 45	18 0 25 60	— 9
	5850	17 57	19 21 51 68	+ 78
	5864	20 0	19 24 10 45	+ 24
	5886	22 32	19 40 56 75	+ 11
XVIII a 1916.50	5962	34 26	16 11 18 92	— 26
	5975	36 17	16 5 42 04	+ 41
	5987	37 57	15 47 58 29	+ 9
	5992	39 2	15 46 44 82	— 13
	6003	41 18	15 54 39 81	— 33
	6011	42 45	15 53 9 51	+ 2
	6016	43 47	15 55 3 61	— 30
	6027	45 52	15 31 57 94	0
	6041	47 59	15 7 29 78	+ 29
	6057	50 13	15 30 23 46	— 15
	6070	52 5	15 31 33 49	+ 23
	6078	53 44	14 46 35 30	+ 2
	6080	54 0	14 48 29 28	— 4
	6101	57 28	15 4 50 58	+ 3
	6117	59 28	15 21 25 13	+ 35
	6129	17 1 18	14 59 38 06	— 2
	6140	3 37	15 19 42 04	+ 26
	6158	7 30	17 17 42 92	+ 4
	6170	9 21	17 19 51 44	— 30
	6206	14 5	17 24 49 80	— 2
	6220	16 6	17 24 55 70	+ 4
	6233	17 33	16 49 11 88	+ 7
	6245	19 24	16 57 38 03	+ 4
	6256	20 30	15 41 15 46	+ 35
	6268	22 26	17 16 13 69	+ 4
	6280	23 49	16 2 34 57	— 25*
	6298	26 23	16 5 59 84	+ 24*
XIX a 1916.56	6280	23 49	16 2 34 28	— 25*
	6298	26 23	16 5 59 40	+ 24*
	6327	29 38	16 22 51 05	— 67
	6356	32 57	16 13 55 43	— 9
	6367	34 37	16 37 2 29	+ 2
	6377	35 33	16 33 28 18	+ 20
	6396	37 56	15 59 37 71	+ 112
	6415	40 20	16 2 42 54	+ 28
	6431	42 39	15 32 58 89	— 2
	6451	44 45	26 43 26 92	— 76

Gruppe Epoche	No.	α genähert	δ (1910.0)	μ_δ
XIX a 1916.56	6461	$17^h 46^m 18^s$	$14° 56' 29.''31$	$+$ 0.''052
	6472	48 20	16 54 57 49	$+$ 37
	6492	50 8	16 57 39 71	$+$ 57
	6514	52 52	16 11 46 01	$+$ 2
	6538	56 3	16 45 20 69	$+$ 24
	6548	56 53	15 5 54 16	$-$ 93
	6567	58 56	15 0 1 07	$+$ 10*
	6579	18 0 17	15 57 27 03	$-$ 42*
	6609	3 17	15 56 19 97	$-$ 210*
	6612	3 22	15 56 41 48	$+$ 23*
XX a 1916.62	6567	17 58 56	15 0 0 71	$+$ 10*
	6579	18 0 17	15 57 26 44	$-$ 42*
	6609	3 17	15 56 19 84	$-$ 210*
	6612	3 22	15 56 40 94	$+$ 23*
	6630	6 8	16 27 33 22	$+$ 4
	6650	8 18	17 45 54 04	$+$ 2
	6668	9 46	17 44 31 97	$-$ 30
	6703	12 54	18 9 35 39	$-$ 9
	6712	14 10	18 5 47 47	$+$ 20
	6730	16 5	18 21 25 16	$+$ 7
	6758	19 2	16 38 33 61	$-$ 2
	6771	20 30	16 35 40 91	$+$ 15
	6780	20 59	16 38 55 30	$-$ 11
	6801	23 9	16 35 20 28	$+$ 2
	6841	26 13	16 34 56 30	$+$ 13
	6858	28 25	17 12 31 74	$+$ 4
	6864	28 52	17 14 11 69	$+$ 7
XXII a 1916.72	7381	19 16 34	17 6 18 91	$+$ 13
	7398	18 24	16 9 45 88	0
	7416	20 20	16 45 43 44	0
	7431	21 32	19 37 17 92	$-$ 47
	7446	22 32	19 42 43 77	$-$ 41
	7474	24 43	19 16 34 21	$-$ 41
	7490	26 90	20 8 35 53	$-$ 2
	7506	28 18	19 37 16 92	$-$ 20
	7531	30 50	17 20 49 57	$+$ 4
	7567	33 13	16 15 37 74	$+$ 25
	7591	35 21	16 21 53 76	$-$ 2
	7623	37 34	16 13 12 42	$-$ 4
	7635	38 30	16 13 53 07	$-$ 28
	7649	40 9	18 0 58 55	$+$ 4
	7691	43 42	18 43 46 62	$-$ 4
	7723	45 26	18 37 50 16	$-$ 4
	7751	48 21	18 26 24 69	$+$ 2
	7776	50 13	16 26 24 82	$-$ 4
	7797	51 56	16 23 45 96	$+$ 15
	7819	53 40	16 32 47 70	$+$ 46
	7842	55 59	17 16 12 78	$-$ 20
	7861	57 50	17 50 37 14	$-$ 4
	7884	59 14	18 14 55 53	$-$ 11

Gruppe Epoche	No.	α genähert	δ (1910.0)	μ_δ
XXIIa	7897	$20^h\ 0^m\ 4^s$	$16°\ 49'\ 31.''76$	— 0.''385
1916.72	7934	2 16	16 12 36 22	+ 7
	7961	4 0	16 24 9 04	+ 2
	7987	6 13	16 52 55 20	+ 2
	7994	6 58	16 53 53 52	— 7
	7999	7 26	16 53 2 74	+ 4
XXIIIa	8070	12 25	17 18 3 54	+ 30
1916.72	8091	14 14	17 48 59 43	+ 7
	8117	16 16	17 30 34 38	— 17
	8136	18 5	16 5 7 82	+ 25
	8154	20 6	17 27 56 65	+ 18
	8174	22 16	17 1 14 73	+ 11
	8193	24 15	17 3 43 98	— 4
	8208	25 51	16 56 5 66	+ 35
	8220	26 35	17 1 32 93	+ 20
	8263	30 28	15 5 17 18	— 22
	8279	32 25	15 4 20 04	— 13
	8306	34 54	15 31 17 66	+ 9
	8312	35 27	15 35 39 56	+ 24
	8329	37 50	17 11 55 62	+ 72
	8339	38 41	17 12 59 16	— 4
	8382	42 28	15 47 58 03	— 172
	8383	42 29	15 47 57 81	— 165
	8409	45 7	15 6 27 10	+ 4
	8432	47 11	16 34 32 16	+ 7
	8445	47 59	16 35 54 51	+ 30
	8490	52 10	16 40 56 93	+ 17
	8508	54 19	16 26 54 29	+ 9

§ 8. Katalogvergleichung.

In meiner Parallaxenarbeit habe ich bereits festgestellt (pag. 61), daß zwischen dem AR-System und dem des NFK systematische Differenzen bestehen. Da auch neuere Beobachtungsreihen solche gegen die FC ergeben haben, so sehe ich mich veranlaßt, an dieser Stelle nochmals hierauf zurückzukommen, zumal die Ergebnisse in der genannten Arbeit nur auf einer genäherteu Überschlagsrechnung beruhen.

Das System der Parallaxensterne bietet nach der Anordnung der Beobachtungen und nach Art der Reduktion volle Gewähr für Unabhängigkeit. Zur Verfügung standen 25 Gruppen von je mindestens 15 Sternen der Zone $+15°$ bis $+20°$, deren jede mehr als 40 mal beobachtet ist, stets 2 benachbarte oder in den meisten Fällen mehrere an demselben Tage. Neigung und Azimut sind mehrfach an jedem Tage bestimmt, letzteres mit Hilfe von Polsternen in OC und UC, besonders von α und λ Urs. min. und 51 H. Cephei. Dadurch bot sich genügend Material, die täglichen Schwankungen dieser Aufstellungsfehler genau abzuleiten. Zugleich ergab sich hier, daß die AR der Polsterne des NFK eine Korrektion von rund $-0.''020\ \mathrm{tg}\ \delta$ erfordern.

Zur Ableitung des Uhrstandes wurden gleichzeitig zahlreiche Beobachtungen von NFK Sternen ausgeführt. Die benutzte Uhr Riefler No. 23 erwies sich als erstklassig; störende Uhrgangschwankungen waren nicht zu befürchten. (Vgl. hierüber die Untersuchung des Herrn Kienle in Neue Ann. d. Stw. zu München V 2.)

Bei der Diskussion der Beobachtungen wurden zunächst für die Sterne einer Gruppe Tagesmittel gebildet und aus allen diesen Gruppenmittel. Die Vergleichung beider ergab die Tageskorrektionen für jede Gruppe und die Vergleichung der Tageskorrektionen für die einzelnen Gruppen jedes Tages bestätigte vollauf die auf direkte Weise abgeleiteten täglichen Schwankungen der Aufstellungsfehler. So war es möglich, die Gruppen mit den zu der Zeit ihrer Beobachtung gültigen Aufstellungsfehlern zu reduzieren und sie streng auf einander zu beziehen. Durch Anschluß aller Gruppen an einander konnten diese schließlich zu einem in sich homogenen System vereinigt werden, das als frei von etwaigen Fehlern der anfänglich zugrunde gelegten AR des NFK sowohl in Form Δa_a als auch Δa_δ angesehen werden kann, ebenso als frei von Helligkeitsgleichung, da nach den in der Parallaxenarbeit gefundenen Ergebnissen die Beobachtungen mit einer solchen nicht behaftet sind.

Mit Hilfe der festgestellten täglichen Schwankungen der Aufstellungsfehler konnten weiter die beobachteten NFK Sterne an die Gruppen des Systems angeschlossen werden, freilich genau nur dann, wenn sie in der Nähe der beobachteten Gruppe lagen, da ja die Schwankungen des Instruments zunächst nur als linear mit der Zeit verlaufend angenommen werden konnten, was für längere Zeiträume jedenfalls nicht erlaubt ist. Völlig gesichert hingegen ist dieser Anschluß für die FC Sterne, die in dem Programm der Parallaxensterne selbst enthalten sind.

Die Vergleichung mit dem NFK habe ich seinerzeit getrennt nach den 3 Argumenten, der Dekl., der Helligkeit und der AR ausgeführt. Das gibt bei der geringen Anzahl der Sterne natürlich zu Bedenken Anlaß. Die Ausgleichung in einem Guß setzt die Kenntnis der Funktionsform für jedes Argument voraus.

Für die Darstellung des Fehlers Δa_a wird allgemein die Fourier-Reihe gewählt. Da über eine andere Funktionsform nichts bekannt ist und um eine Vergleichung mit anderweitigen Untersuchungen herzustellen, wende ich sie ebenfalls an. Die Resultate werden über die Richtigkeit dieser Wahl in jedem einzelnen Falle zu entscheiden haben. — Der Fehler Δa_δ ist zur Hauptsache darauf zurückzuführen, daß unsere FC Systeme gegen den Pol falsch orientiert sind; ich setze deshalb für ihn die Form $\Delta n \operatorname{tg} \delta$. Für HGl. genügt es, innerhalb der vorliegenden engen Grenzen linearen Verlauf mit der Größenklasse anzusetzen. Demgemäß gleiche ich die Differenzen M—NFK aus nach dem Ansatze:

$$\Delta a = x + y \operatorname{tg} \delta + z \sin a + n \cos a + w \, (M - 3.5).$$

Beobachtet sind 104 Sterne des NFK zwischen dem Aequator und + 50°.

Von einer stundenweisen Mittelung der Differenzen muß ich absehen, denn dadurch wären die Faktoren $\operatorname{tg} \delta$ und $(M - 3.5)$ in allen Stunden nahezu gleich geworden. Zur Vereinfachung der Arbeit habe ich mich zunächst auf die einfachen Winkel der Fourier-Reihe beschränkt und auch allen Sternen gleiches Gewicht gegeben, obwohl die Anzahl ihrer Beobachtungen sehr verschieden ist. Fs ist ja zu beachten, daß es sich hier nur um ein Nebenprodukt einer anderen, der Parallaxenarbeit, handelt; als Hauptaufgabe hätte das Beobachtungsprogramm eine durchaus andere Gestaltung erfahren müssen. Die folgende Tabelle gibt die Differenzen und die Reste nach ihrer Darstellung durch die Gleichung

$$\Delta a = -0.0056 - 0.0219 \operatorname{tg} \delta - 0.0057 \sin a + 0.0106 \cos a - 0.0034 \, (M - 3.5).$$
$$\pm \quad 34 \pm \quad 60 \quad \pm \quad 23 \quad \pm \quad 26 \quad \pm \quad 15$$

Die Quadratsumme der Differenzen reduziert sich von 0.0648 auf 0.0295. Hiernach und nach den m. F. sind die Koeffizienten als reell zu betrachten. In der Darstellung zeigt sich nur in den AR Stunden 1^h—3^h eine Anhäufnng von gleichen, positiven Vorzeichen.

		Gr.	AR	M—NFK				M—PGC			
α	Andr.	2.1	0ʰ 3ᵐ 43ˢ.955	—	0ˢ.003	+	0ˢ.001	—	0ˢ.017	—	0ˢ.013
π	„	4.2	32 4.188	—	36	—	23	—	36	—	24
δ	„	3.2	34 30.660	—	47	—	42	—	64	—	56
ζ	„	4.1	42 33.929	+	19	+	27	+	15	+	22
μ	„	3.9	51 45.200	+	6	+	21	+	7	+	22
ε	Pisc.	4.2	58 16.204	—	36	—	34	—	39	—	37
β	Andr.	2.1	1 4 41.288	—	30	—	20	—	42	—	29
υ	Pisc.	4.6	14 30.965	—	4	+	8	—	8	+	4
η	„	3.0	26 39.907	+	12	+	15	—	6	—	5
υ	Persei	3.6	32 27.673	—	1	+	21	+	10	+	34
β	Arietis	2.8	49 39.943	+	39	+	45	+	21	+	26
α	„	2.0	2 2 5.804	+	20	+	25	+	8	+	12
ϑ	„	5.6	13 6.993	+	4	+	17	+	16	+	30
ν	„	5.6	33 42.159	+	3	+	19	+	7	+	22
δ	„	4.1	3 6 28.805	+	18	+	30	+	17	+	29
η	Tauri	3.0	42 7.918	+	5	+	19	+	13	+	24
ζ	Persei	2.9	48 28.275	—	11	+	7	--	15	+	1
γ	Tauri	4.0	4 14 40.183		0	+	13	—	2	+	12
δ	„	4.0	17 44.545	—	12	+	2	—	9	+	5
ε	„	3.6	23 21.557	—	17	—	3	—	16	—	3
α	„	1	30 45.272	—	9	—	2	—	29	—	24
ι	Aurig	2.7	51 7.816	—	22	—	1	—	20	—	1
ε	„	3.2	55 30.442	—	36	—	7	—	36	—	7
ι	Tauri	4.8	57 42.884	—	11	+	10		0	+	20
ζ	„	3.0	5 32 15.898	—	18	+	1	—	16		0
130	„	6.0	42 11.289	—	35	—	11	—	19	+	6
β	Aurig.	1.9	52 55.596	--	27	+	3	—	35	—	6
ν	Orionis	4.4	6 2 25.968	—	37	—	17	—	20	—	15
η	Gem.	3.3	9 26.683	—	26	—	4	—	18	+	1
μ	„	2.9	17 30.937	—	32	—	11	—	30	—	11
8	Mon.	4.5	18 59.901	—	50	—	33	—	39	—	23
γ	Gem.	2.3	32 30.774	—	17		0	—	27	—	13
18	Mon.	4.7	43 10.079	—	41	—	29	—	24	—	8
ϑ	Gem.	3.4	46 51.457	—	42	—	13	—	59	—	31
λ	„	3.8	7 12 55.296	—	8	+	14	—	5	+	15
δ	„	3.3	14 44.932	—	33	—	10	—	35	—	14
ι	„	3.8	20 8.280	—	48	—	21	—	41	—	15
ϱ	„	4.4	23 19.451	—	22	+	9	—	10	+	20
β	„	1.1	39 48.635	—	3	+	18	—	29	—	10
π	„	5.5	41 42.324	—	53	—	17	—	53	—	18
δ	Cancri	4.0	8 39 34.335	—	16	+	9	—	7	+	17
ι	„	4.1	41 15.191	—	48	—	18	—	41	—	12
ζ	Hydrae	3.1	50 38.233	—	19	—	1	—	12	+	4
α	Cancri	4.1	53 33.971	—	28	—	5	—	27	—	6
ϰ	Urs. maj.	3.3	57 29.155	—	41		0	—	31	+	8
83	Cancri	5.8	9 13 57.587	—	40	—	9	—	18	+	11
ε	Leonis	3.0	40 44.716	—	5	+	22	—	13	+	10
π	„	4.9	55 27.503	—	26	—	2	—	11	+	10
η	„	3.3	10 2 25.665	—	6	+	19	—	13	+	7
42	Leon. min.	5.3	40 51.788	—	46	—	11	—	23	+	10
ι	Leonis	5.4	44 31.655	—	17	+	10	—	16	+	8
ϑ	„	3.3	11 9 31.121	—	4	+	19	—	10	+	9
β	„	2.0	44 28.180	—	26	—	7	—	33	—	20

	Gr.	AR	M — NFK		M — PGC	
η Virg.	3.7	12ʰ 15ᵐ 18ˢ037	— 0ˢ019	— 0ˢ002	— 0ˢ020	— 0ˢ007
24 Com. sq.	5.2	30 36.961	— 25	+ 1	— 26	— 2
ε Virg.	2.8	57 41.797	— 12	+ 5	— 19	— 7
43 Com.	4.2	13 7 40.459	— 20	+ 8	— 13	+ 11
17 H. Can. ven.	4.9	30 46.749	— 14	+ 20	— 20	+ 11
τ Bootis	4.6	42 59.106	— 13	+ 11	— 11	+ 9
η „	3.0	50 23.941	— 25	— 7	— 28	— 14
α „	0.3	14 11 33.342	— 15	— 3	— 34	— 28
γ „	2.9	28 27.232	— 35	— 6	— 30	— 7
β Cor. bor.	3.7	15 24 7.094	+ 1	+ 22	+ 6	+ 23
ν' Bootis	4,8	27 41.749	— 28	+ 2	— 9	+ 19
α Cor. bor.	2.2	30 52.587	— 32	— 17	— 37	— 26
β Serp.	3.3	42 1.982	— 20	— 7	— 19	— 10
κ „	4.0	44 41.264	— 24	— 9	— 18	— 5
γ „	3.6	52 17.730	+ 20	+ 33	+ 20	+ 29
γ Herc.	3.1	16 17 56.947	+ 3	+ 16	— 7	+ 1
β „	2.6	26 21.017	— 6	+ 6	+ 6	+ 12
σ „	4.1	31 12.065	— 8	+ 18	+ 11	+ 35
49 „	6.0	47 58.941	— 26	— 10	+ 11	+ 25
α „	3.0	17 10 32.588	+ 4	+ 11	+ 1	+ 3
π „	3.1	11 54.691	— 28	— 11	— 28	— 13
μ „	3.3	42 56.100	— 19	— 6	— 19	— 10
ϑ „	3.8	53 9.921	— 50	— 32	— 48	— 33
67 Oph.	4.0	56 8.215	— 18	— 16	— 18	— 19
ο Herc.	3.8	18 4 1.876	— 15	— 2	— 14	— 4
α Lyrae	1	33 53.460	— 4	+ 6	— 19	— 13
110 Herc.	4.1	41 47.323	+ 31	+ 38	+ 42	+ 47
β Lyrae	3.3	46 45.409	— 11	+ 1	— 11	— 2
R „	4.5	52 35.776	— 26	— 5	— 17	+ 4
γ „	3.2	55 34.592	— 5	+ 5	— 15	— 6
ζ Aquil	3.0	19 1 16.416	+ 14	+ 12	+ 7	+ 6
ω „	5.4	13 35.511	— 9	— 3	— 1	+ 4
δ „	3.3	20 57.665	+ 19	+ 17	+ 18	+ 12
β Cygni	3.0	27 5.492	0	+ 8	— 4	+ 1
δ Sagitt.	4.0	43 22.474	— 6	— 2	+ 1	+ 4
γ „	3.6	54 45.265	0	+ 4	+ 2	+ 3
ο' Cygni sq.	4.3	20 10 47.815	— 41	— 21	— 32	— 13
24 Vulp.	5.7	12 56.984	— 31	— 21	— 17	— 7
α Delph.	3.6	35 27.470	+ 1	+ 2	+ 8	+ 8
α Cygni	1.3	38 21.751	— 53	— 41	— 51	— 41
ζ „	3.1	21 9 6.283	— 27	— 22	— 27	— 21
α Equul.	3.9	11 19.502	— 21	— 24	— 20	— 24
ι Pegasi	4.3	17 55.419	— 15	— 11	— 1	+ 2
π „	4.3	22 5 59.344	+ 10	+ 20	+ 24	+ 33
3 Lacert.	4.5	20 1.073	— 39	— 15	— 29	— 4
η Pegasi	2.9	38 46.906	+ 9	+ 14	+ 20	+ 25
λ „	3.9	42 11.697	+ 16	+ 22	+ 17	+ 24
ο Andr.	3.5	57 46.628	— 25	— 11	— 13	+ 1
α Pegasi	2.4	23 0 16.613	+ 13	+ 11	+ 9	+ 5
φ „	5.6	47 54.457	+ 8	+ 15	+ 23	+ 31
ω Pisc.	3.9	54 41.312	— 16	— 18	— 21	— 23

Aus Gründen, die sich später ergeben, habe ich nachträglich noch die doppelten Winkel eingeführt, zuvor jedoch die von der Deklination und H Gl. abhängigen Korrektionen mit Hilfe der soeben gewonnenen Koeffizienten angebracht. Jetzt konnte die stundenweise Mittelung vorgenommen werden. Es ergab sich

$$\Delta a' = - 0.0050 - 0.0034 \sin a + 0.0094 \cos a + 0.0068 \sin 2a + 0.0011 \cos 2a.$$

Die Darstellung ist in der folgenden Tabelle gegeben. In den Δa sind die Fehler Δa_δ und Δa_M noch enthalten, oder vielmehr in sie nachträglich wieder eingesetzt: Die Darstellung unter $B-R$ ist in Bezug auf den Vorzeichenwechsel nicht völlig befriedigend; es sind offenbar noch geringe systematische Fehlerquellen vorhanden. Deshalb nehme ich noch eine Vergleichung mit dem PGC Boss vor, zumal

| | M — NFK | | | M — PGC | | | | |
| | | | | Hauptsterne | | | Zusatzsterne | |
	Δa	B-R		Δa	B-R		Δa	B-R
0^h	− 0.006	− 0.001		− 0.010	− 0.005		+ 0.010	+ 0.001
1	− 3	+ 2		− 7	− 1		+ 19	+ 2
2	+ 7	+ 8		+ 5	+ 7		− 12	+ 6
3	− 2	+ 5		− 1	+ 6		+ 1	− 2
4	− 11	0		− 10	+ 1		− 5	− 3
5	− 29	− 8		− 26	− 6		− 7	0
6	− 26	− 7		− 24	− 8		− 10	0
7	− 33	− 4		− 30	− 4		− 13	+ 1
8	− 28	+ 3		− 23	+ 4		− 19	− 4
9	− 24	+ 4		− 17	+ 8		− 13	+ 3
10	− 22	+ 5		− 19	+ 5		− 15	+ 1
11	− 19	+ 3		− 20	0		− 9	+ 5
12	− 14	+ 1		− 18	− 4		− 13	0
13	− 22	− 4		− 22	− 4		− 13	− 2
14	− 21	− 4		− 18	− 1		− 12	− 3
15	− 15	− 3		− 8	+ 3		− 10	− 4
16	− 16	− 4		− 10	0		− 4	0
17	− 10	+ 2		− 6	+ 2		+ 1	+ 4
18	− 13	+ 5		− 13	− 5		+ 1	+ 3
19	− 5	+ 4		− 2	+ 2		+ 3	+ 1
20	− 22	− 3		− 17	− 4		− 1	− 4
21	− 13	− 4		− 6	− 2		+ 3	− 2
22	− 16	0		− 10	+ 2		+ 2	− 4
23	+ 3	+ 1		+ 2	+ 1		+ 8	0

dieser eine größere Anzahl von Vergleichsobjekten enthält, außer den soeben behandelten 104 Hauptsternen noch 160 Zusatzsterne aus der Parallaxenzone $+ 15°$ bis $+ 20°$. Diese vermögen also keinen Beitrag zu der Bestimmung der Unbekannten y zu liefern; ebenso scheidet hier die HGl. aus, da die meisten dieser Sterne den Größenklassen 5—6,5 angehören. Ich habe deshalb die Ausgleichung für beide Klassen von Sternen getrennt vorgenommen, zumal ja auch die Koeffizienten der Normalgleichungen für die erste Klasse bereits vorlagen. Es ergab sich für diese:

$$\Delta a = - 0.0027 - 0.0237 \operatorname{tg} \delta - 0.0067 \sin a + 0.0087 \cos a - 0.0011 \, (M - 3.5)$$
$$\pm \quad 37 \pm \quad 66 \pm \quad 25 \pm \quad 28 \pm \quad 16$$

Die Quadratsumme der Differenzen sinkt von 0.0620 auf 0.0354.

Auch hier habe ich wie bei dem NFK nachträglich die doppelten Winkel eingeführt, nach Berücksichtigung des Fehlers Δa_δ; die HGl. kommt hier nicht in Betracht. Das Resultat ist in der obigen Tabelle bereits gegeben. Es ergab sich:

$$\Delta a' = -0{.}^s0028 - 0{.}^s0046 \sin a + 0{.}^s0096 \cos a + 0{.}^s0044 \sin 2a + 0{.}^s0007 \cos 2a.$$

Die Zusatzsterne des PGC sind weniger sicher als die Hauptsterne. Dieses zeigte sich auch sofort bei unserer Vergleichung. Einige Differenzen fallen sehr stark heraus; sie wachsen bis zu $0{.}^s07$ Ich kann nicht annehmen, daß meine aus mehr als 40 Einzelbeobachtungen bestehenden Positionen mit derartigen Fehlern behaftet sind; ich muß sie deshalb dem PGC zur Last legen, zumal diese Sterne auch um gleiche Beträge gegen den Katalog von Fr. Cohn, Astr. Beob. zu Königsberg, Abt. 42, abweichen. Ich führe sie hier an:

PGC No.	M—PGC	Cohn—PGC	w. F. nach Boss 1910
667	$+ 0{.}^s056$	$+ 0{.}^s043$	$\pm 0{.}^s010$
2832	$+$ 69	$+$ 58	19
3123	$-$ 63	$-$ 50	18
4139	$-$ 67	$-$ 76	17
4262	$-$ 54	$-$ 77	12

Boss dürfte hiernach die Genauigkeit der Positionen seiner Zusatzsterne doch wohl etwas überschätzt haben. Von der weiteren Rechnung schließe ich alle Differenzen größer als $0{.}^s050$ aus, insgesamt 12. Die übrigen mittle ich stundenweise und erhalte durch Ausgleichung

$$\Delta = -0{.}^s0040 - 0{.}^s0029 \sin a + 0{.}^s0109 \cos a + 0{.}^s0022 \sin 2a + 0{.}^s0013 \cos 2a.$$

Die Darstellung ist ebenfalls in der obigen Tabelle gegeben. Der Vorzeichenwechsel in den B—R zeigt ein ähnliches Bild wie bei dem NFK.

Von Interesse schien mir noch eine Vergleichung mit dem Katalog Fr. Cohn, 1905 (Astr. Beob. zu Königsberg, Abt. 42), denn bei diesem, der mit Uhrwerkmikrometer beobachtet ist, ist durch zahlreiche Kombinationen von OC und UC für sehr genaue Bestimmung des Azimuts Sorge getragen; auch die übrigen Instrumentalfehler sind in sorgfältigster Weise bestimmt. In AR ist strenger Anschluß an den NFK vorgenommen.

Cohn trennt zwischen dem Katalog der Fundamentalreihe A und der Anschlußreihe B. In dieser kommen freilich eine größere Anzahl von Parallaxensternen vor, aber angesichts des Charakters dieser Reihe als Zodiacalkatalog häufen sich die Sterne in einzelnen AR Stunden, während sich in anderen gar keine vorfinden. Einen Beitrag zur Bestimmung der Δa_a und Δa_δ kann B also nicht liefern. Aus 86 mit Katalog A gemeinsamen Sternen ergab sich

$$G - C = -0{.}^s0122 - 0{.}^s0065 \operatorname{tg} \delta - 0{.}^s0058 \sin a + 0{.}^s0123 \cos a - 0{.}^s0031 (M - 3.5)$$
$$\pm 40 \pm 94 \pm 26 \pm 29 \pm 28$$

Die Differenzenquadratsumme sinkt von 0.0443 auf 0.0256. Wie zu erwarten war, verschwindet das Glied Δa_δ; gleiches dürfte von der HGl. gelten. Die periodischen Glieder befinden sich in voller Übereinstimmung mit denen vom NFK und PGC.

Fassen wir die bisherigen Resultate zusammen, so besteht zwischen den Königsberger und Münchner Beobachtungen einerseits und den beiden FC andrerseits zunächst eine Differenz $\Delta a_\delta = -0{.}^s023 \operatorname{tg} \delta$, die wahrscheinlich den letzteren zur Last zu legen ist, wie ich bereits mehrfach bemerkt habe, so auch in meinem Aufsatz: „Zur Revision unseres Bezugssystems" A. N. 215.

Die Koeffizienten der periodischen Differenzen Δa_a sind

	von	$\sin a$	$\cos a$	$\sin 2a$	$\cos 2a$
bei NFK		$- 0{.}^s0034$	$+ 0{.}^s0094$	$+ 0{.}^s0068$	$+ 0{.}^s0011$
„ PGC $\big\{$		$-$ 46	$+$ 96	$+$ 44	$+$ 7
		$-$ 29	$+$ 109	$+$ 22	$+$ 13
„ Cohn		$-$ 58	$+$ 123	$-$	$-$

Herr Hough hat in Monthly Not. Vol. 73 pag. 138 die FC mit einigen neueren Katalogen verglichen; seine Resultate sind von Fr. Cohn in Astr. Nachr. 195 pag. 225 einer nochmaligen Diskussion unterzogen, in der er zu folgenden Zahlen gelangte:

	sin a	cos a	sin $2a$	cos $2a$	
Cape 1910	— 0˙0121	+ 0˙0102	— 0˙0011	+ 0˙0111	nach Hough
Odessa 1900	— 104	+ 77	+ 10	+ 24	„ Cohn
Pulkowa 1905	+ 1	+ 39	+ 41	+ 71	„ „
Greenwich 1900	— 54	+ 41	+ 9	+ 39	„ Hough
Mittel	— 0˙0070	+ 0˙0065	+ 0˙0012	+ 0˙0061	

Eine etwas bessere Übereinstimmung der Koeffizienten wird noch erreicht, wenn man eine Korrektion der EB vornimmt, wie sie Herr Thackeray aus der Vergleichung der Greenwicher Kataloge abgeleitet hat (Monthly Not. 71 pag. 174) und die von Fr. Cohn durch die Behandlung der Kataloge von Bradley und Pulkowa bestätigt wird.

Die Mittelwerte sind von gleicher Größenordnung wie die Koeffizienten der Münchner Reihe; die Unterschiede sind jedenfalls nicht größer als die der Einzelwerte Cohns. Volle Übereinstimmung kann auch nicht erwartet werden, denn die Entstehungsweise der hier in Betracht kommenden absoluten Systeme ist doch eine zu verschiedene.

Unsere Münchner Beobachtungen bestätigen somit die von anderen Autoren gefundenen Resultate und so dürfte der Schluß berechtigt sein, daß der vorliegende Katalog nahezu von systematischen Fehlern frei ist.

Damit wende ich mich zu dem zweiten Teil der Aufgabe, der Ableitung von EB aus der Vergleichung unseres Katalogs mit AGC XI, besonders um zu untersuchen, wie weit diese als reell anzusehen sind.

Ich muß der Vergleichung einige Worte über AGC XI vorausschicken:

Auwers hat das Beobachtungsmaterial in sehr eingehender Weise bearbeitet, wobei sich ihm wegen des den Beobachtern zur Verfügung stehenden dürftigen Instrumentariums mancherlei Schwierigkeiten entgegenstellten, die völlig zu beseitigen und aufzuklären ihm offenbar nicht immer gelungen ist. Andrerseits wird es dem Leser nicht leicht, sich überall ein klares Bild von seinen Darbietungen zu machen. So weit diese für die weitere Benutzung der Katalogpositionen von Interesse sind, möge hier folgendes erwähnt sein.

Mit Ausnahme der ersten 16 Zonen sind die Durchgänge chronographisch beobachtet. An diese und auch nur an die der schwachen Sterne von 8˙9 an hat Auwers Helligkeitskorrektionen angebracht (Einleitung pag. (43)) und zwar

$$\Delta a = - 0˙088\,(M-8.8) - 0˙055\,(M-8.8)^2$$

Über die Art der Entstehung dieser Koeffizienten ist nichts gesagt. Sie sind ohne Zweifel von außergewöhnlich großem Betrage, besonders wenn man noch beachtet, daß zu ihnen wahrscheinlich noch die HGl. des zu Grunde gelegten Fundamentalkatalogs tritt. Aus der Vergleichung seines Katalogs mit 2 Pulkowaern und 3 Berliner Katalogen schließt Auwers, daß seine AR einer Korrektion Δa_a bedürfen, die sich zwischen + 0˙023 bei 3^h und — 0˙024 bei 12 Uhr bewegt, die aber durch die Vergleichung mit den Greenwicher Katalogen nicht bestätigt wird. Diese Korrektionen sind offenbar nicht angebracht.

Größere Schwierigkeiten bietet die Behandlung der Deklinationen dar. Die Teilungsfehler der für die Zone in Betracht kommenden Striche sind bestimmt und angebracht. Die Vergleichung beider Kreislagen ergab aber, daß durch die Korrektionen ihre Differenzen vergrößert wurden; sie wurden deshalb wieder in Abzug gebracht und neue Lagekorrektionen bestimmt. Die Vergleichung mit Pulkowaer, Greenwicher und Berliner Katalogen ließ nachher erkennen, daß in jeder einzelnen Gradzone die Deklinationen in ihrer nördlichen Hälfte mehr oder weniger südlicher waren, als in der südlichen Hälfte, im Mittel um 0″41. Deshalb wurden neue Korrektionen bestimmt, die von Auwers an die Katalogpositionen nicht angebracht sind, die aber zur Reduktion auf AGC berücksichtigt werden müssen. (Einleitung pag. (131)).

In Astr. Nachr. 161 pag. 17 ff. gibt Auwers eine Vergleichung aller AG Zonen untereinander sowie mit Pulkowa 1875 (Romberg). Da für diesen Katalog die Reduktionen $\Delta\alpha_a$ und $\Delta\delta_a$ auf NFK sehr gering sind, so erhält man sofort auch die Reduktionen der AG Kataloge auf NFK. Auwers ordnet hier die Differenzen AG Katalog—Romberg zunächst nach den Größenklassen und bestimmt dann für die auf 8^m0 reduzierten Positionen die $\Delta\alpha_a$ und $\Delta\delta_a$. Speziell für Berlin A betragen diese im Mittel $+ 0^s012$ und $+ 0''26$ resp. $+ 0''09$ ohne und mit der oben erwähnten Korrektion (pag. 131). Der Verlauf der nach Abzug dieser Konstanten verbleibenden Reste läßt gesetzmäßigen Verlauf kaum erkennen; Auwers gleicht sie graphisch aus, führt sie aber unter den endgültigen Reduktionen auf NFK nicht mit an, sondern er gibt hier nur die HGl., die aber gegen die soeben erwähnten um $- 0^s004$ resp. $+ 0''25$ geändert sind.

Auwers hat bereits die EB der Sterne seiner Zone untersucht. Wenn es auch nicht in seiner Absicht lag, wie er sagt, die wahrscheinlichste zur Zeit abzuleitende EB zu bestimmen oder eine vollständige Sammlung des für jeden einzelnen Zonenstern vorhandenen Beobachtungsmaterials herzustellen, so ist doch angesichts der Gründlichkeit, mit der Auwers solche Arbeiten stets vorgenommen hat, anzunehmen, daß seine Resultate keiner merklichen Verbesserung mehr bedürfen.

Nach Ausscheidung von 1519 anderweitig noch nicht beobachteten Objekten, 96 Doppelsternbegleitern und 219 sehr schwachen Sternen sind 7955 untersucht. Von diesen zeigen 1270 eine merkliche EB, die im Anhange des AGC XI gegeben sind. Die übrigen $^5/_6$ weisen keine EB auf. Diese erscheinen mir in erster Linie zur Vergleichung geeignet.

Die AR des AGC XI sind zunächst mit Hilfe der Struveschen Praecessionskonstanten auf 1910.0 gebracht und sodann zur Reduktion auf die Newcombsche mit der Korrektion $(- 0^s00038 - 0^s00011 \sin\alpha)$ 40 versehen, da als Epoche der Beobachtung der Zone mit hinreichender Genauigkeit 1870.0 angesehen werden kann.

Nach Auwers (Einleitung pag. 47) ist der m. F. einer AR Position seines Katalogs für schwache Sterne $\pm 0^s036$, der m. F. einer Münchner Position ist $\pm 0^s008$ (bei durchschnittlich 40 Beobachtungen); somit ist der m. F. einer Differenz $\pm 0^s036$ und der m. F. einer hieraus folgenden EB $\pm 0^s0009$. Setzen wir mit Kapteyn und van Rhijn die mittlere EB der Sterne der Größe 8.9 gleich $0''021$, so dürfen wir unseren Resultaten wohl Vertrauen entgegenbringen, vorausgesetzt, daß sie nicht durch systematische Fehler gefälscht sind. Ich gebe die Differenzen nach AR Stunden gemittelt in der folgenden Tabelle unter G-A; n bedeutet die Anzahl der Sterne.

	n	G—A	B—R		n	G—A	B—R
0^h	12	$- 0^s027$	$- 0^s019$	12^h	9	$- 0^s055$	$+ 0^s051$
1	3	$+ 60$	$+ 68$	13	11	$- 144$	$- 39$
2	6	$- 15$	$- 4$	14	11	$- 103$	$- 1$
3	11	$- 28$	$- 11$	15	16	$- 145$	$- 50$
4	23	$- 7$	$+ 21$	16	26	$- 85$	$+ 1$
5	31	$- 48$	$- 9$	17	31	$- 46$	$+ 29$
6	17	$- 24$	$+ 26$	18	24	$- 24$	$+ 40$
7	16	$- 67$	$- 3$	19	21	$- 42$	$+ 6$
8	16	$- 122$	$- 36$	20	28	$- 40$	$- 3$
9	10	$- 92$	$- 5$	21	14	$- 26$	$- 1$
10	15	$- 83$	$+ 13$	22	7	$- 24$	$- 7$
11	15	$- 94$	$+ 9$	23	12	$- 79$	$- 68$

Die Ausgleichung ohne Rücksicht auf Gewichte ergibt

$$G-A = - 0^s0565 + 0^s0116 \sin\alpha + 0^s0481 \cos\alpha$$
$$\text{m. F.} \quad \pm 0.0066 \pm 0.0094 \qquad \pm 0.0094$$

Die Darstellung unter B—R ist befriedigend.

Das konstante Glied enthält zunächst die HGl. des AGC XI, d. i. zugleich die Reduktion auf NFK; sie beträgt für $8^m9 - 0^s072$; dann verbleibt als Rest $+ 0^s015$ oder als Korrektion der Präcession $\Delta m = + 0^s00038$, identisch mit dem Werte von Boss $+ 0^s00031$ (PGC pag. XXVIII), was aber wohl als Zufall zu betrachten ist, denn wie weit die oben (pag. 8) erwähnte, von Auwers an die schwachen Sterne angebrachte Helligkeitskorrektion reell ist, steht dahin. Ferner hat der NFK 1900 eine solche Korrektion im Betrage von $- 0^s0051$ ($M - 4.0$). Ist die des AGC 1875 von gleicher Größe? Das Gleiche gilt für die Korrektion $\Delta a_\delta = - 0^s022 \, tg \, \delta$ des NFK. Faßt man diese Unsicherheiten zusammen und nimmt man an, daß die mittl. EB der Sterne 9^m0 0^s020 beträgt, so erkennt man, daß die Ableitung von EB aus der Vergleichung von AGC XI mit modernen Katalogen noch eine sehr gewagte Sache ist.

Was den periodischen Teil betrifft, so besteht zwischen NFK und AGC XI, wie oben erwähnt, eine periodische Differenz Δa_a nur in einem unmerklichen Grade. Auf die Sonnenbewegung übertragen, ergeben die obigen Werte, da die Epochendifferenz 40 Jahre beträgt,

$$A = 283°6 \pm 10°8; \quad \pi. \, q. \cos D = + 0''084$$

für $q = 18$ km, $D = + 30°$ oder $0°$ $\pi = + 0''0054$ oder $+ 0''0047$.

Zwischen München 1910 und NFK ergab sich oben die Differenz $- 0^s0057 \sin a + 0^s0106 \cos a$. Betrachten wir diese als Korrektion des NFK 1910 und auch für AGC 1875 gültig, so finden wir als Koordinaten der Sonnenbewegung

$$A = 294°1; \quad \pi. \, q \cos D = + 0''070$$

für $q = 18$ km, $D = + 30°$ oder $0°$ $\pi = + 0''0047$ oder $+ 0''0039$.

Liegen auch A und π nicht auffallend außerhalb des Bereichs anderweit gefundener Werte, so können wir sie doch wohl kaum mehr aussagen, als daß beträchtliche systematische Fehler periodischer Natur nicht vorhanden sind, aber immerhin in dem Maße, daß die Resultate einen Beitrag zu dem Problem der Sonnenbewegung nicht zu liefern vermögen. Freilich ist die Anzahl der benutzten EB nur gering; aber ich glaube kaum, daß durch eine Erhöhung dieser der systematische Charakter der Differenzen wesentlich geändert wird. Hierfür spricht auch das Ergebnis der Diskussion der Sterne, für die Auwers EB abgeleitet hat, also von Sternen mit größerer EB und von größerer Helligkeit; von den 210 gemeinsamen Sternen sind 182 heller als 6^m5.

Die Ausgleichung der aus München 1910 — AGC XI folgenden EB, wobei solche $> 0^s015$ fortgelassen sind, ergibt

$$\mu_a = + 0^s00018 + 0^s00065 \sin a + 0^s00397 \cos a$$

In das konstante Glied geht ein die HGl. zur Reduktion des AGC XI auf NFK, für 6^m0 rund $+ 0^s020$, ferner die HGl. des NFK und allenfalls die Korrektion $\Delta a_\delta = - 0^s022 \, tg \, \delta$ des NFK. Fassen wir alles zusammen, so reduziert sich das konstante Glied auf $+ 0^s00004$, erreicht also die Präcessionskorrektion von Boss nicht.

Übertragen wir wieder den periodischen Teil auf die Sonnenbewegung, so ergibt sich

$$A = 279°2 \pm 6°6 \quad \pi. \, q. \cos D = 0''275$$

für $q = 18$ km, $D = + 30°$ oder $0°$, $\pi = + 0''018$ oder $0''015$.

Berücksichtigen wir wieder wie oben die Differenz zwischen München 1910 und NFK, so folgt

$$A = 282°2 \quad \pi. \, q. \cos D = + 0''257$$

für $q = 18$ km, $D = + 30°$ oder $0°$ $\pi = + 0''017$ oder $0''014$.

A kommt hier dem wahrscheinlichen Werte schon näher, was bei den hier benutzten größeren EB zu erwarten stand.

Von Interesse dürfte noch eine Vergleichung unserer EB mit den von Auwers im AGC XI pag. 212 gegebenen sein. Die folgende Tabelle enthält neben der Anzahl n der Sterne die nach AR-Stunden gemittelten Differenzen μ_a (München 1910 — Auwers), nachdem die EB von Auwers auf die Newcombsche Präcessionskonstante gebracht sind.

	n	μ_a (G—A)			n	μ_a (G—A)
0^h	6	+ 0.00078		12^h	7	+ 0.00070
1	6	+ 151		13	7	+ 29
2	5	+ 88		14	6	− 112
3	4	+ 97		15	13	+ 80
4	21	+ 60		16	8	+ 81
5	20	+ 79		17	11	+ 23
6	7	+ 89		18	9	+ 92
7	10	+ 134		19	18	+ 162
8	3	+ 131		20	11	+ 109
9	4	− 119		21	4	+ 131
10	5	+ 54		22	7	+ 95
11	6	+ 106		23	6	+ 174

Auffallend ist der positive Charakter der Differenzen, deren Mittel + 0.00078 beträgt. Vorläufig läßt sich hierfür keine andere Erklärung geben, als daß die AR des AGC XI einer Korrektion im Betrage von + 0.031 bedürfen, die bei der Unsicherheit der Reduktionen dieses Katalogs auf das Fundamentalsystem sehr wohl möglich ist. Nach Abzug der Konstanten bleibt noch ein periodischer Gang angedeutet, der aber bei der geringen Anzahl von Objekten zweifelhaft ist.

Die Deklinationen: Ich gebe zunächst wieder die Vergleichung der beobachteten Fundamentalsterne mit dem NFK.

		n	δ_G	G—NFK			n	δ_G	G—NFK
3	Lacertae	4	51° 48' 29.09	+ 1.03	β	Cor. bor.	3	29° 23' 40.87	+ 0.36
α	Persei	5	49 33 47.56	+ 0.87	β	Gemin.	2	28 13 48.95	+ 0.76
ι	Urs. maj.	1	48 22 21.50	+ 1.35	o	Herc.	2	28 45 1.35	+ 0.93
υ	Persei	4	48 12 11.21	+ 0.22	α	Cor. bor.	7	26 59 48.67	+ 0.63
o'	Cygni sq.	2	46 29 9.84	+ 0.30	ι	Pegasi	1	24 56 4.59	+ 0.98
58	Urs. maj.	1	43 38 4.93	+ 0.99	24	Vulp.	2	24 24 42.24	+ 0.43
ε	Aurigae	1	43 2 1.96	+ 1.47	ε	Leonis	4	24 9 41.89	+ 0.18
ι	Androm.	1	42 48 10.38	+ 0.08	η	Tauri	7	23 50 46.55	+ 0.09
σ	Herc.	4	42 36 34.99	+ 0.20	27	Tauri	1	23 47 51.28	+ 0.39
ν	Persei	3	42 18 51.78	+ 0.79	α	Arietis	5	23 3 57.75	+ 0.87
o	Androm.	3	41 52 28.79	+ 1.67	μ	Gem.	5	22 33 28.00	+ 0.03
19	Leon. min.	1	41 27 22.56	+ 0.23	β	Herc.	9	21 40 19.27	+ 0.64
ν'	Bootis	6	41 7 8.00	+ 0.28	ν	Arietis	6	21 35 56.26	+ 0.51
6	Can. ven.	2	39 29 3.93	− 0.46	ζ	Tauri	4	21 5 32.95	+ 0.69
α	Lyrae	3	38 42 16.92	− 0.33	ζ	Gemin.	1	20 41 40.49	+ 0.19
γ	Bootis	2	38 40 31.87	+ 1.28	β	Arietis	5	20 23 53.37	+ 0.97
61	Cygni	1	38 20 9.01	+ 0.36	α	Bootis	5	19 37 9.73	+ 0.48
ϑ	Herc.	6	37 15 39.29	− 0.20	ϑ	Arietis	5	19 30 48.34	+ 1.14
ι	Herc.	3	35 58 4.34	+ 0.34	δ	Arietis	5	19 24 35.99	+ 0.77
β	Androm.	2	35 10 32.12	+ 0.22	γ	Herculis	8	19 20 59.50	+ 0.90
π	Gemin.	1	33 37 22.72	+ 0.45	1	Pegasi	4	19 26 41.37	+ 1.28
π	Androm.	4	33 15 26.14	+ 0.68	γ	Sagitt.	4	19 15 48.79	+ 1.14
π	Pegasi	1	32 45 56.20	+ 0.05	ε	Tauri	4	18 59 43.20	+ 0.97
ζ	Persei	5	31 38 7.06	+ 0.68	δ	Cancri	5	18 27 50.57	+ 0.97
42	Leon. min.	2	31 7 31.06	+ 0.72	83	Cancri	4	18 3 44.42	+ 0.85
δ	Androm.	1	30 24 6.58	+ 1.10	24	Com. sq.	4	18 50 22.21	+ 0.60
ζ	Cygni	5	29 52 55.09	+ 0.70	η	Bootis	4	18 49 6.57	+ 0.58
τ	Pisc.	1	29 38 39.31	+ 1.33	$\varkappa$	Serp.	5	18 24 1.57	+ 0.90

		n	δ_G	G-FNK			n	δ_G	G-NFK
δ	Sagitt	4	18 19 35.21	+ 0.75	γ	Tauri	5	15 25 32.73	+ 0.49
φ	Pegasi	7	18 39 14.70	+ 1.43	49	Herc.	4	15 6 52.29	+ 0.85
ι	Bootis	4	17 52 30.98	+ 1.18	β	Leonis	4	15 2 30.24	+ 0.22
130	Tauri	3	17 41 56.31	+ 1.19	α	Pegasi	1	14 45 11.23	+ 0.37
δ	Tauri	4	17 20 48.06	+ 1.06	α	Herc.	14	14 29 7.24	+ 0.55
η	Leonis	4	17 10 22.41	+ 0.55	31	Pegasi	1	11 46 55.27	+ 1.75
λ	Gemin	4	16 41 34.79	+ 0.66	ω	Aquilae	8	11 26 35.77	+ 0.71
γ	Gemin	4	16 28 19.08	+ 0.09	l	Leonis	2	10 59 25.42	+ 1.58
α	Tauri	10	16 20 29.19	+ 0.39	o	Tauri	5	8 44 3.23	+ 0.94
γ	Serp.	3	15 56 5.84	+ 0.09	π	Leonis	4	8 26 52.29	+ 0.48
ϑ	Leonis	4	15 53 20.79	+ 0.76	ε	Pisc.	1	7 26 17.07	− 0.34
β	Serp.	3	15 41 2.69	+ 0.62	α	Equul.	5	4 53 0.36	+ 0.77
α	Delphini	4	15 36 54.82	+ 0.92	8	Monoc.	1	4 38 11.67	+ 0.67

Es tritt sofort der systematische Unterschied beider Systeme hervor; das Mittel beträgt + 0."65. Dieses Resultat stimmt völlig überein mit dem anderer neuerer Beobachtungsreihen. (Vergl. meinen Aufsatz in der Seeliger-Festschrift „Eigenbewegungen".) Die gleiche Differenz fand ich bereits bei den zur Bestimmung der Biegung benutzten Sternen.

Die nach Anordnung der Gruppen ausgeführte Vergleichung mit PGC gibt die folgende Tabelle, in der sich unter T die mittlere Temperatur befindet.

Gruppe	n	G—PGC	T	B - R	Gruppe	n	G – PGC	T	B—R
1	8	+ 1."58	0.0	+ 0."90	15	5	+ 1."36	+ 14.0	+ 0."05
2	5	+ 0.81	+ 2.9	0	16	5	+ 1.63	14.1	+ 32
3	5	+ 0.74	4.1	− 12	17	5	+ 1.54	15.0	+ 18
4	7	+ 0.83	2.3	+ 5	17a	7	+ 1.31	16.3	− 10
4a	11	+ 0.21	5.0	− 70	18	1	+ 1.33	14.9	− 2
5	5	+ 0.89	1.3	+ 15	18a	2	+ 0.97	15.6	− 35
5a	7	+ 0.43	0.5	− 27	19	4	+ 1.37	18.3	− 13
6	6	+ 1.00	0.6	+ 29	19a	3	+ 1.22	18.0	− 27
6a	7	+ 0.95	0.0	+ 27	20/21	5	+ 1.56	17.4	+ 10
7	3	− 0.02	9.2	− 1.11	22	8	+ 1.44	15.3	+ 7
8	6	+ 0.46	10.4	− 69	22a	9	+ 1.29	15.1	− 7
9	5	+ 0.49	7.7	− 54	23/24	1	+ 1.96	13.3	—
10	4	+ 0.89	6.1	− 6	23a	4	+ 1.30	15.1	− 6
11	5	+ 0.84	9.3	− 26	25	5	+ 1.19	11.5	− 1
12	3	+ 1.34	9.2	+ 25	26	7	+ 1.65	6.2	+ 69
13	3	+ 1.05	9.5	− 6	27	3	+ 1.13	4.3	+ 26
14	7	+ 1.12	12.2	− 11					

Auch hier tritt eine große positive Differenz auf; zugleich aber zeigt sich eine Schwankung, die offenbar der Temperatur parallel verläuft. Die Ausgleichung nach dem Ansatze $x + y \cdot T$ gibt $x = + 0."68$ (also wie bei NFK) und $y = + 0."045$ mit der Darstellung unter B—R, die besonders hinsichtlich der Größe der verbleibenden Reste nicht befriedigen kann, besonders wohl infolge der geringen Anzahl von Vergleichsobjekten, die auch eine weitere Untersuchung als aussichtslos erscheinen läßt, denn daß wir es hier mit Refraktionsanomalien der Münchner Reihe zu tun haben, unterliegt wohl keinem Zweifel.[1]

---

[1] Ich verweise hier auf den Nachtrag zu § 2 „Der Kreis", in dem über die von Herrn Oertel jüngst festgestellten Refraktionsanomalien im Münchner Meridiansaale Näheres mitgeteilt ist.

Zur Vergleichung mit dem AGC XI sind dessen Deklinationen mit Hilfe der Newcombschen Praecessionskonstanten auf 1910.0 gebracht und mit den Korrektionen versehen, die Auwers in der Einleitung pag. 131 gibt. Die Reduktion auf NFK enthält ebenso wie bei den AR nur die HGl., nämlich bis 6^m5 gleich $+ 0''1$, von 8.5—8.9 $+ 0''2$ und von 9.0 an $+ 0''3$. Die Differenzen $\Delta\delta_{\alpha\,Korr}$ bei der Vergleichung von Berlin A mit Romberg 1875 (AN 141 pag. 55) schwanken innerhalb $\pm 0''5$, tragen jedoch keinen ausgesprochenen gesetzmäßigen Charakter; sie müssen deshalb mehr als zufälliger Natur angesehen werden. Die Reduktionen $\Delta\delta_\alpha$ von Romberg auf NFK sind wiederum verschwindend, so daß eine systematische Korrektion $\Delta\delta_\alpha$ des AGC XI hiernach nicht vorhanden ist. Die Reduktion $\Delta\delta_\delta$ ist bei Auwers nicht gebildet; im Mittel ist Berlin A — Romberg $= + 0''09$. Bei Boss (PGC pag. 327) ist sie für alle Grade der Zone negativ, bis zu $- 0''3$; nur für $\delta = + 18°$ ist sie $+ 0''14$.

Für die Sterne, für die Auwers keine merklichen EB aufgefunden hat, gibt die folgende Tabelle die nach AR Stunden ermittelten Differenzen München 1910 — AGC XI unter M-A und unter $(\mu_\delta)_1$ die ihnen entsprechenden EB. Die Epochendifferenz beträgt 46 Jahre.

AR	n	M—A	$(\mu_\delta)_1$	$(B-R)_1$	n	$(\mu_\delta)_2$	$(B-R)_2$
0^h	12	$+ 0''22$	$+ 0''0048$	$- 0''0018$	10	$+ 0''0063$	$- 0''0045$
1	3	$+ 1.01$	$+ 220$	$+ 169$	7	$+ 7$	$- 78$
2	6	$+ 0.77$	$+ 168$	$+ 137$	6	$- 173$	$- 155$
3	9	$- 0.25$	$- 54$	$- 63$	6	$+ 92$	$+ 77$
4	9	$- 0.40$	$- 87$	$- 72$	24	$- 36$	$- 13$
5	17	$+ 0.05$	$+ 11$	$+ 50$	22	$+ 32$	$+ 90$
6	11	$+ 0.05$	$+ 11$	$+ 74$	9	72	$+ 19$
7	16	$- 1.19$	$- 259$	$- 176$	11	$- 179$	$- 61$
8	16	$- 0.02$	$- 4$	$+ 95$	4	$- 185$	$- 48$
9	11	$- 0.67$	$- 145$	$- 36$	4	$- 218$	$- 71$
10	15	$- 0.69$	$- 150$	$- 37$	5	$+ 12$	$+ 159$
11	15	$- 0.58$	$- 126$	$- 15$	7	$- 146$	$- 7$
12	8	$- 0.55$	$- 120$	$- 18$	11	$+ 105$	$+ 225$
13	11	$- 0.38$	$- 83$	$+ 4$	8	$- 183$	$- 88$
14	11	$- 0.39$	$- 85$	$- 18$	6	$- 247$	$- 184$
15	12	$+ 0.07$	$+ 15$	$+ 60$	14	$- 73$	$- 46$
16	10	$+ 0.17$	$+ 37$	$+ 58$	11	$+ 145$	$+ 134$
17	13	$+ 0.31$	$+ 67$	$+ 64$	16	$- 21$	$- 67$
18	14	$+ 0.08$	$+ 17$	$- 10$	10	$+ 122$	$+ 43$
19	11	$- 0.09$	$- 20$	$- 67$	18	$+ 59$	$- 45$
20	12	$+ 0.14$	$+ 30$	$- 33$	13	$+ 187$	$+ 62$
21	14	$+ 0.42$	$+ 91$	$+ 18$	6	$+ 378$	$+ 243$
22	9	$+ 0.12$	$+ 26$	$- 51$	7	$+ 186$	$+ 51$
23	12	$- 0.23$	$- 50$	$- 125$	7	$+ 21$	$- 106$

Der m. F. einer AGC Position beträgt rund $\pm 0''50$, der einer Münchner Position $\pm 0''21$, also der m. F. einer Differenz $\pm 0''54$. Hiernach haben wir es bei den M—A mit systematischen Differenzen zu tun, wie auch schon ihr periodischer Verlauf bezeugt.

Die Ausgleichung derselben ergibt

$$(\mu_\delta)_1 = - 0''00184 - 0''00450 \sin a + 0''00836 \cos a$$

mit der befriedigenden Darstellung unter $(B—R)_1$.

Auf die Sonnenbewegung übertragen finden sich die durchaus unwahrscheinlichen Werte

$$A = 331°7, \quad D = + 3°5, \quad \pi = + 0''0083 \text{ (mit } q = 18 \text{ km)}$$

und ein gleiches Resultat ergeben die Sterne, für die Auwers EB abgeleitet hat. Aus den in der obigen Tabelle unter $(\mu_\delta)_2$ gegebenen, aus Mü. 1910 — AGC XI folgenden EB erhalten wir

$$(\mu_\delta)_2 = - 0.\!''00056 - 0.\!''00848 \sin a + 0.\!''01142 \cos a$$

mit der Darstellung unter $(B\text{-}R)_2$ und damit

$$A = 323.\!^\circ4, \quad D = + 0.\!^\circ7, \quad \pi = + 0.\!''0124.$$

Den Werten A ist hier natürlich nur ein sehr geringes Gewicht zuzuerteilen.

Nun fanden wir früher zwischen Mü. 1916 und NFK die konstante Differenz $+ 0.\!''65$. Sei es, daß wir diese als Fehler Mü. 1916 oder NFK zur Last legen und nehmen wir sie in dem letzteren Falle auch bereits gültig für NFK 1870 und damit auch für AGC XI an, so ändern sich die konstanten Glieder der beiden obigen Ausgleichungen um $- 0.\!''0140$ und damit würden folgen

$$\text{bei der ersten Ausgleichung} \quad D = + 28.\!^\circ0, \quad \pi = + 0.\!''0094$$
$$\text{und bei der zweiten} \quad D = + 20.\!^\circ2, \quad \pi = + 0.\!''0133$$

also Werte der Apexdeklination, die den heute wahrscheinlichen sehr nahe kommen.

Die Differenzen der aus München 1910 — AGC XI abgeleiteten EB gegen die von Auwers (AGC pag. 212 ff.) bestimmten enthält die folgende Tabelle unter $\Delta\mu_\delta$, nach AR Stunden gemittelt, nachdem an die letzteren die Korrektion auf die Newcombsche Praecessionskonstante $+ 0.\!''0053 \cos a$ angebracht ist. Ausgeschlossen sind die von Auwers als unsicher bezeichneten und nur auf 2 Dezimalen angesetzten EB.

	n	$\Delta\mu_\delta$	$\Delta\mu'_\delta$		n	$\Delta\mu_\delta$	$\Delta\mu'_\delta$
0^h	7	$+ 0.\!''0271$	$+ 0.\!''0168$	12^h	8	$- 0.\!''0003$	$- 0.\!''0106$
1	6	$+$ 207	$+$ 104	13	9	$-$ 24	$-$ 127
2	5	$+$ 86	$-$ 17	14	6	$+$ 200	$+$ 97
3	4	$+$ 178	$+$ 75	15	16	$+$ 98	$-$ 5
4	20	$+$ 123	$+$ 20	16	8	$+$ 243	$+$ 140
5	19	$+$ 71	$-$ 32	17	12	$+$ 41	$-$ 62
6	7	$+$ 44	$-$ 59	18	10	$+$ 135	$+$ 32
7	10	$+$ 11	$-$ 92	19	17	$+$ 85	$-$ 18
8	3	$+$ 182	$+$ 79	20	11	$+$ 69	$-$ 34
9	4	$+$ 117	$+$ 14	21	4	$+$ 248	$+$ 145
10	5	$+$ 196	$+$ 93	22	7	$+$ 182	$+$ 79
11	6	$+$ 5	$-$ 98	23	6	$+$ 195	$+$ 2

Wir haben hier eine gleiche Erscheinung wie bei den EB in AR: eine große systematische positive Differenz, im Mittel im Betrage von $+ 0.\!''0103$, also in gleicher Größe wie dort. Nach Abzug dieser bleiben die Reste unter $\Delta\mu'_\delta$, die keinen systematischen Charakter mehr verraten.

Berücksichtigen wir die Differenz Mü. 1916 — NFK $= + 0.\!''65$, so sind die EB aus Mü. 1916 und AGC XI um $0.\!''0140$ zu verkleinern und damit würde $\Delta\mu_\delta$ im Mittel $- 0.\!''0037$ werden; dieser Betrag ist wahrscheinlich der Unsicherheit des AGC XI zur Last zu legen.

Ergebnisse:

1. Zwischen unseren AR Mü. 1916 und dem NFK und PGC Boss bestehen Differenzen, die auch andere neuere Beobachtungsreihen gegen diese FC aufweisen.

2. Unsere Deklinationen Mü. 1916 sind um $0\rlap{.}''65$ nördlicher als die der beiden FC, ebenfalls in Übereinstimmung mit anderen neueren Ergebnissen. Eine offenbar von der Temperatur abhängige Schwankung (+ $0\rlap{.}''045$ T) der Differenzen gegen PGC ist wahrscheinlich den Münchener Beobachtungen zur Last zu legen.

3. Den aus der Verbindung unserer Kataloge mit AGC XI abgeleiteten EB kann kein sehr großes Vertrauen entgegengebracht werden, besonders nicht den EB in Dekl. Eine brauchbare Apexdeklination läßt sich aus diesen nur gewinnen, wenn man der unter 2 genannten systematischen Differenz $0\rlap{.}''65$ Rechnung trägt. Es ergibt sich damit für die heutige fundamentale Astronomie die dringende Notwendigkeit, die Ursache dieser Differenz zu bestimmen. Auf ihre Bedeutung für die differentielle Ableitung der EB der schwächsten Sterne sei hier nur kurz hingewiesen.

Inhalt.